Jovens em Movimento

A Construção da Identidade em Contexto Transnacional

Lidiane da Silveira Vaz Branco

Primeira Edição

Lisboa | 2014
Verdade na Prática

Copyright © 2014 Lidiane da Silveira Vaz Branco
Todos os direitos reservados

ISBN-13: 978-1499314809

ISBN-10: 1499314809

http://verdadenapratica.wordpress.com

E-mail: pr.alexbranco@gmail.com

AGRADECIMENTOS

A consciência de que nosso sucesso é devido ao apoio e encorajamento de outros faz-nos desejar escrever esta nota de agradecimento. Não foram poucas as pessoas que direta ou indiretamente contribuíram para que este trabalho viesse a ser concretizado. Algumas pessoas, entretanto merecem especial atenção.

Não chegaria até aqui sem o apoio do meu marido e sem a paciência de minhas filhas, que abdicaram de tanto para que eu pudesse completar mais esta etapa.

Agradeço a todos os professores e alunos do ICS que compartilharam suas vidas e seus conhecimentos nestes dois anos, em especial à Professora Doutora Susana de Matos Viegas que acompanhou meus passos, esclareceu minhas dúvidas e orientou-me inúmeras vezes.

Agradeço à Junia Bragança pela revisão do texto.

Sou agradecida também à minha "família portuguesa", amigos que por várias vezes foram os avós e tios com quem contei para cuidarem de minhas filhas nas tantas vezes em que minha ausência em casa se fez necessária.

Agradeço aos jovens TCKs e suas famílias porque compartilharam suas histórias de vida e contribuíram para que um pouco mais do "nosso mundo" possa ser compreendido.

O maior agradecimento porém é a Deus que me levou a trilhar

este caminho por tantos lugares, por tantas culturas, que enriqueceu a minha vida, que me deu o privilégio de experimentar um pouco da grande diversidade que existe entre os povos e que me faz reconhecer que tanta riqueza não é obra de um acaso qualquer.

ÍNDICE

Agradecimentos — 3

Introdução — 1

Third Culture Kids: História da Constituição de Uma Categoria de Análise — 13

O Conceito de Cultura da visão centralizada europeia para a diversidade moderna — 39

A Formação da Pessoa: Identidade e Pertença — 65

Entrevistas — 87

Conclusão

127

"Besides the drawbacks of family separation and the very real adjustment on the permanent return to the (home country), a child growing up abroad has great advantages. He or she learns, through no conscious act of learning, that thoughts can be transmitted in many languages, that skin color is unimportant… that certain things are sacred or taboo to some people while to others they're

meaningless, that the ordinary word of one area is a swearword in another.
I am struck again and again by the fact that so much of the sociology, feeling for history, geography, questions about others that our friends' children try to understand through textbooks, my sisters and I acquired just by living."

Rachel Miller Schaetti
Notes from a Travelling Childhood.

INTRODUÇÃO

O motivo que me levou a esta pesquisa sobre jovens em constante mobilidade transnacional está totalmente ligado à minha experiência pessoal de vida e de trabalho. Enquanto missionária da Igreja Batista do Mar do Norte em Stavanger, Noruega, trabalhei com uma igreja cristã internacional formada em sua maioria por trabalhadores de grandes multinacionais, militares da Força Aérea Americana e famílias de expatriados vivendo na Noruega. Nesta comunidade algumas características eram comuns à maioria dos membros: a grande mobilidade de seus membros, a diversidade de nacionalidades, o nível financeiro elevado, o fato de que a maioria dos membros desta comunidade trabalhava para multinacionais, agências governamentais ou organizações que exigiam deles uma mobilidade transnacional e o fato de que a maioria dos trabalhadores tinha uma família que os acompanhava.

Neste contexto os filhos destes trabalhadores que acompanhavam seus pais em todo este processo de mudança cresciam em um ambiente de alta mobilidade, frequentemente estudando em escolas internacionais e neste caso em questão, participando de uma vida comunitária com outros jovens que tinham a mesma história de vida de alta mobilidade em contexto transnacional. A prática da lida diária com estes jovens fez-me refletir sobre a maneira como as questões de identidade e pertença não são facilmente resolvidas por estes jovens. Se por um lado, o estresse emocional por não terem raízes em lugares específicos parece ser algo constante, ao mesmo tempo as vantagens que eles possuem de estarem na maior parte do tempo num contexto transnacional (por exemplo o ensino escolar internacional) dá-lhes uma oportunidade de vida que poucos jovens têm e do qual fazem uso com relativa frequência.

Foi durante este tempo de trabalho na Noruega que ouvi falar pela primeira vez sobre "Terceira Cultura". Como uma das organizadoras da Consulta Missionária da Diáspora Evangélica Brasileira, realizada na Noruega em 2004, entrei em contato com Marion Knell uma consultora de uma organização chamada Member Care. Durante a Consulta, esta senhora deu uma palestra para missionários brasileiros ali reunidos e o assunto abordado foi International Parenting, especificamente abordando as questões relacionadas com Third Culture Kids (TCKs). Em sua abordagem sobre Third Culture Kids ela descreveu os desafios e privilégios de um estilo de vida que tem a sua marca de diferença no fato das pessoas crescerem transitando entre culturas variadas. Os casos que ela citava como exemplo desses TCKs eram geralmente os filhos de pessoas que trabalhavam para agências governamentais ou especializadas – como é o caso dos militares, diplomatas, empregados de multinacionais e missionários – e que com frequência mudavam de países por questões relacionadas ao trabalho que os pais desenvolviam, passando seus anos de formação entre várias culturas.

Durante a Consulta muitos missionários ficaram espantados em ouvir falar de forma tão assertiva dos problemas que eles enfrentam em suas famílias por causa das constantes mudanças entre países. Foram muitas as perguntas feitas para ela sobre como podiam lidar melhor com os desafios que enfrentavam. As palestras sobre TCKs foram as mais comentadas durante a semana da Consulta. Para mim foi algo completamente esclarecedor, pois durante a minha vida tive esta experiência de mudar constantemente por causa do trabalho de meu pai, mesmo que apenas dentro de um país, mas em lugares tão distantes e com aspectos culturais tão diferenciados – com exceção da língua – quanto qualquer mudança para outro país poderia ter sido e na minha vida adulta continuo a experimentar esta situação pois como missionária já morei na Índia, Noruega e agora Portugal. Após as palestras pude perceber que eu me encaixava dentro do perfil citado por ela, assim como aqueles jovens com quem eu trabalhava na igreja internacional.

De volta ao trabalho com os jovens da igreja internacional, levamos esta senhora para dar uma palestra para as famílias. O mesmo processo de esclarecimento parece ter ocorrido com estas pessoas. Para muitos foi a primeira vez que ouviram falar de algo que estava tão relacionado com o estilo de vida deles e de seus filhos. A partir de então a equipa de trabalho da qual eu fazia parte ainda como missionária, procurou lidar com a questão dos problemas que os jovens enfrentavam no dia-a-dia como algo que podia fazer parte de sua identidade como TCK, e não somente como uma questão da própria adolescência. A partir dali meu interesse pelo assunto de TCK cresceu e decidi procurar mais informação sobre o tema dos TCKs. Encontrei uma vasta literatura sobre o assunto, em sua maioria tratando da questão do ponto de vista da prevenção do "choque cultural" e em formas de guias sobre como adaptar-se a uma vida como TCK, de seus desafios e seus privilégios. Dentre todas as literaturas sobre o assunto um livro se destaca como "a Bíblia dos TCKs", como é conhecido, um best seller chamado Third Culture Kids: Growing Up Among Worlds dos autores David Pollock e Ruth Van Reken. Este livro trata das questões de identidade e pertença, das problemáticas vividas pelos TCKs e discute as diferentes maneiras que uma pessoa tem para lidar com as questões relacionadas com este estilo de vida.

A ideia principal de quem escreve sobre este tema dos TCKs é que se trata de um universo de pessoas que possuem uma cultura própria que é formada a partir da mistura da cultura do país de origem dos pais e dos países onde vão vivendo e crescendo, gerando uma terceira cultura. Esta literatura é voltada para um público-alvo, as questões levantadas pelos autores que seguem este conceito são geralmente produzidas em contextos onde há uma grande quantidade de profissionais que vivem essa vida de alta mobilidade. Parte desta literatura é produzida por pessoas que também estão envolvidas em uma rede de programas de treinamento para empresas multinacionais ou para missionários transculturais, como foi o caso da autora que encontrei na Noruega. Em suma é uma rede de conexões e informações que servem principalmente como apoio para as famílias que vivem este estilo de vida. Estas literaturas possuem um apelo forte entre as pessoas que se consideram como TCKs porque explicam em uma linguagem não científica aquilo que estas pessoas vivem no seu dia-a-dia. O interesse dos chamados TCKs neste assunto, portanto, está no fato de que eles percebem-se diferentes da maioria das pessoas com quem se relacionam, mas não entendem porque se sentem "deslocados" dentro das várias culturas com que convivem ou daquela que deveriam considerar como sendo a sua.

Estes livros são uma ajuda importante para aqueles que vivem esta vida ou que lidam com pessoas que vivem neste estilo de vida dos TCKs, mas são escritos no estilo auto-ajuda, com muitas informações cuja intenção é dar às pessoas que o leem uma noção dos problemas e situações em que estarão envolvidos quando viverem em outra cultura. Este tipo de literatura pode ser considera como «parte da reflexividade da modernidade» conforme explica Giddens (1991), são obras que servem para «organizar e alterar partes da vida social de que dão conta», são livros escritos com o intuito de ajudarem as pessoas que vivem a realidade ali descrita. Apesar de explicarem como as pessoas podem lidar com as mudanças frequentes, meu interesse sobre esta problemática veio a se tornar mais específico e na busca por uma profundidade maior sobre o assunto, interessei-me por procurar nas Ciências Sociais uma resposta que cuidasse de explicar a formação da pessoa que vive neste contexto de alta mobilidade transcultural.

Como minha formação acadêmica principal está no Serviço Social, procurei dentre as Ciências Sociais um enquadramento científico que fosse capaz de compreender as questões da forma de vida e da cultura de um determinado grupo e encontrei na Antropologia a perspectiva que penso ser necessária para compreender o modo de vida destes TCKs. Foi um caminho por vezes difícil de traçar, principalmente para quem, como eu, veio de uma outra área acadêmica sem prévio contato com a Antropologia. Além disso, interessei-me pela Antropologia para buscar um conhecimento sobre um assunto que estava ligado aos meus interesses, profissional e pessoal. Profissional como assistente social e missionária trabalhando diretamente com os jovens em questão e pessoalmente por fazer parte do grupo que se tornou o objeto de pesquisa: trabalhadores enviados por organizações para uma vivência transnacional. Ao pensar nestes pontos me questiono se esta experiência poderia ser encaixada no que James Clifford menciona como o «etnógrafo indígena» – alguém que «estudando sua própria cultura oferece novos ângulos de visão e profundidade de entendimento» (Clifford 1986:9). Essa preocupação com a realidade de me encontrar no processo de pesquisador e pesquisado é importante porque em todo o processo de pesquisa somos lembrados que devemos nos manter sempre distanciados o suficiente para obtermos uma objetividade na pesquisa.

É com esta preocupação de estar à procura de uma objetividade e ao mesmo tempo de estar a fazer pesquisa dentro de uma realidade contemporânea, que faço uso das formas atuais dos estudos antropológicos que têm-se reinventado a fim de verem-se envolvidos no mapeamento de uma diversidade humana que tem sofrido mudanças constantes (Hannerz 2010). Hannerz e Marcus são dois dos autores que acreditam que as mudanças que aconteceram na Antropologia em tempos recentes, contribuíram para uma reinvenção da Antropologia, não só permitindo à Antropologia o «estar lá» (being there) como passou a ser também matéria de interesse o estudo nas próprias sociedades do etnógrafo (at home) (Hannerz 2010:60), como é o caso da pesquisa em questão. Ao permitir que estas experiências sejam combinadas, podemos ver que algumas vezes a escolha do objeto de pesquisa se dá de forma inesperada, acontecendo principalmente por causa da nossa experiência de vida. Assim como Hannerz (2010), penso que devemos «aproveitar as experiências e as aberturas que de alguma forma vêm em nosso caminho» para fazer uma antropologia relevante para nossos tempos.

Procurei então, a partir da Antropologia, responder às minhas indagações sobre a forma como as pessoas constroem suas identidades e sentimentos de pertença a partir de uma vida de alta mobilidade transnacional. Após um período de procura intenso por vários autores que estivessem a discutir o assunto de formação da pessoa e identidade dentro das características que lhes são específicas, encontrei em Ulf Hannerz o tipo de esclarecimento que procurava. Juntamente com autores como Arjun Appadurai, Renato Rosaldo, Jonathan Inda, Stuart Hall, Mike Featherstone, Anthony Giddens, entre outros, Hannerz contempla a formação da cultura como sendo um contínuo fluxo de significados que as pessoas fazem, onde estes fluxos de significados dependem das interpretações que as pessoas fazem de si mesmas e dos outros, em uma forma contínua de inter-relacionamento, um processo que não pode ser separado e que durará por toda a vida. Estes autores também consideram que os fluxos culturais são parte de uma rede de significados feitos pelas pessoas em um processo que não depende de territórios para ser constituído, o que é essencial para a compreensão da questão dos TCKs pois estes irão formar sua identidade enquanto vivem um estilo de vida que os leva a uma alta mobilidade transnacional. Por fim, esta mobilidade transnacional possui aspectos tão diferenciados que as pessoas que fazem parte deste grupo compartilharão aspectos culturais próprios, formando culturas (ou subculturas, de acordo com Hannerz) que serão específicas de um estilo de vida transnacional, que são as "Culturas Transnacionais" ou "Terceiras Culturas" (Hannerz 1990, 1992; Featherstone 1990, 1995).

Ao mesmo tempo é importante relacionar a questão cultural do ponto de vista da sociedade com a questão da formação da pessoa e nesta questão o contributo da teoria de Christina Toren vem a ser de considerável importância pois a teoria de Toren sugere que as pessoas tornam-se em quem são através de um processo de autopoieses, que ela explica como sendo a auto-produção, auto-criação da pessoa, onde cada pessoa constrói a si mesmo através de sua vida, mesmo que em relações com outras pessoas, sendo este processo de construção único e diferenciado. No curso de uma vida, a pessoa entra em relacionamentos vários e com isto ela passa a entender o mundo (adquire conhecimento) de acordo com sua experiência (Toren 1999). Baseando seus estudos nos conceitos de autopoieses, com influências de Piaget e nos conceitos de intersubjetividade de Merleau Ponty, Toren apresenta uma teoria do sujeito que além de estar no mundo é um sujeito que reflete-se no mundo, e que o modelo cultural que as pessoas vivem é a reflexão de suas experiências de vida. Neste processo, Toren explica que as pessoas incorporam a sua história, que é a história das relações com todos aqueles que encontram durante suas vidas, num processo intersubjetivo (Toren 1999).

Portanto, para compreender a questão destas pessoas que têm sua identidade pessoal formada dentro desta "Terceira Cultura" é preciso discutir e relacionar estas questões. Esta compreensão deve principalmente passar pelos aspectos da formação da cultura e da formação da pessoa. Nestes termos, é preciso olhar para as formas como a cultura veio a ser conceituada na Antropologia e como as transformações ocorridas no mundo nos últimos dois séculos contribuíram para uma mudança nas formas como a identidade é construída, e ao mesmo tempo como a identidade irá influenciar a forma como a cultura é construída, percebida e distribuída no mundo.

Com relação à metodologia usada neste projeto, um dos problemas que encontrei para especificar o meu objeto de pesquisa foi o do enquadramento dos TCKs em uma categoria. A pergunta "quem faria parte deste grupo realmente?" foi um dos questionamentos que fiz e que também percebi ser parte das colocações dos autores que trabalham com TCKs. No universo de conceitos que existem nas Ciências Sociais, tentei aproximar meu objeto de pesquisa a fim de enquadrá-lo em um conceito para que pudesse ser analisado de forma a uma melhor compreensão da vivência destas pessoas. Entretanto, as categorias que são usadas para tratar das movimentações são muito variadas e a grande fragmentação das próprias pesquisas sobre a mobilidade das pessoas no mundo hoje torna realidade a colocação de Stephen Castles (2000) de que preconceitos e suposições comprometem a objetividade científica e constituem barreiras para um completo entendimento destes fenômenos que permeiam a realidade vivida por muitos. Passei então a considerar como objeto de pesquisa os jovens, filhos de trabalhadores expatriados, que viveram seus anos de desenvolvimento em constante mobilidade transnacional.

Para esta pesquisa, procurei entrevistar jovens que pudessem se encaixar neste perfil e para isto entrei em contato com uma escola internacional no local onde resido e a que tenho acesso por ser a escola onde minhas filhas frequentam. A pesquisa foi primeiramente conduzida através de entrevistas a partir de focus group dado o aspecto diferenciado da pesquisa pois é fato de que o objeto de estudo é um grupo da sociedade que não está limitado a um local específico para onde o pesquisador possa ir para fazer um trabalho de campo considerado "tradicional". A não existência de um "local" específico para onde ir traz-nos algumas dificuldades com relação a observação participante, por exemplo, mas nos abre uma outra oportunidade de usar outros meios de fazer a etnografia. Estes meios alternativos de fazer etnografia não são novidade e são reconhecidos por alguns antropólogos que entendem a necessidade de desenvolvimento da prática metodológica dentro da antropologia atual, prática que reconheça a interconexão global de sociedades e culturas (Rapport e Dawson, 1998). Portanto, dentro de um tempo muitas vezes limitado e a partir de uma realidade que dificultava o contato constante com o próprio objeto da pesquisa, precisei fazer uso não somente das entrevistas de grupo, mas para um segundo momento, percebi que seria muito importante entrevistar também as famílias, ou parte delas. As "histórias de família" apresentadas aqui seguem o modelo de metodologia sugerido por Pina Cabral e Lima (2005), um modelo que surgiu dentro de um contexto urbano para satisfazer uma necessidade de pesquisa dentro de uma realidade diferente das encontradas em situações de observação participante, que é o caso desta pesquisa. Apropriada para uma realidade em que o pesquisador não tem acesso ao quotidiano dos entrevistados ao mesmo tempo em que o pesquisador também possui suas obrigações dentro de sua própria família, este método se revelou bastante útil para a pesquisa em questão. Para este fim, entrevistei algumas mães dos jovens contactados para que pudessem contar suas histórias e como a família viveu o processo de mobilidade entre tantos países. No total foram três famílias envolvidas no processo de entrevistas, duas famílias que são parte da escola internacional onde resido e uma terceira família com quem já tenho contato desde o tempo em que trabalhei na Noruega e cuja história trará um contributo importante para esta pesquisa. As entrevistas compõem um estudo exploratório sobre o assunto em si, não pressupondo uma prova científica sobre esta categoria específica, mas a intenção é de analisar os contextos das histórias destas pessoas diante das teorias propostas neste trabalho.

Na procura por um melhor enquadramento das questões abordadas nesta dissertação procurei seguir uma linha que apresente de forma explicativa os conceitos tratados nesta dissertação. Portanto, no primeiro capítulo apresentarei a história desta categoria dos Third Culture Kids, sua origem e como estes estão inseridos historicamente, além de concisamente apresentar duas das principais problemáticas abordadas pelos autores que trabalham com este assunto no campo das inúmeras literaturas voltadas para os próprios TCKs: a identidade e a pertença. No segundo capítulo tratarei das questões teóricas que envolvem o processo de globalização e o conceito de cultura transnacional. No terceiro capítulo apresento a teoria de Christina Toren sobre a formação da pessoa e como sua teoria complementa as discussões de Giddens e Hannerz sobre a formação da identidade pessoal e da criação e distribuição da cultura; e também neste capítulo apresento as reflexões sobre a importância do lugar na formação da identidade pessoal e do sentimento de pertença a partir de alguns autores contemporâneos, que penso, trazem um grande contributo para a discussão da formação da identidade dos TCKs. No quarto capítulo apresentarei os casos que compõe o estudo exploratório e as reflexões que foram possíveis obter a partir destes pequenos exemplos de famílias que vivem esta realidade de vida. Por fim concluo esta dissertação com algumas reflexões, que penso, têm como objetivo contribuir para futuras reflexões antropológicas.

THIRD CULTURE KIDS: HISTÓRIA DA CONSTITUIÇÃO DE UMA CATEGORIA DE ANÁLISE

O termo TCK (*Third Culture Kids*) ou ATCK (*Adult Third Culture Kids*) tem origem nos estudos desenvolvidos por Ruth Useem e John Useem, ambos cientistas sociais e professores da *Michigan State University*, na década de 1950. John e Ruth Useem dedicaram a maior parte de seus estudos a tratar das questões sobre contatos entre culturas. Eles iniciaram seus estudos sobre esta problemática na primeira metade do século XX, primeiramente em reservas indígenas americanas, buscando compreender como aconteciam as interações entre os nativos indígenas e os profissionais de várias áreas que se deslocavam para locais distantes de sua área de residência para trabalharem nas reservas indígenas (médicos, professores, administradores, etc). Segundo Ruth Useem, foi esta primeira experiência que levou o casal a pensar sobre «as pessoas que atravessam as fronteiras sociais no âmbito de um esforço organizado, cujo trabalho ou papéis ocupacionais estão envolvidos em relacionar duas ou mais sociedades, ou suas respectivas secções» (Useem 1999[1993]:1).

Após esta primeira experiência, John Useem foi para o pacífico por dois anos, para cumprir serviço militar. Como militar deslocado para missões na região do Pacífico John Useem percebeu as diferentes maneiras como as pessoas lidavam com as diferenças culturais a que eram expostas no contato entre as diversas culturas, que acontecia como consequência dos deslocamentos de pessoas entre territórios, principalmente devido ao deslocamento militar americano durante a II Guerra Mundial (Useem 1945). A maior parte das publicações de John Useem foram de estudos comparativos transculturais que focavam esta realidade. Já naquela época, ele analisava como as pessoas lidavam com as diferenças culturais a que eram expostas e como as estruturas sociais podiam ser modificadas a partir dos contatos com estrangeiros. Os estudos de John e Ruth Useem foram, portanto, os primeiros a conceituarem as comunidades e redes interdependentes como "Terceira Cultura" (Mckee 2000), termo criado por eles e atualmente usado por autores como Ulf Hannerz e Mike Featherstone para tratar das questões da cultura transnacional.

Mais tarde, em 1952 e 1957, o casal viveu na Índia com seus três filhos menores, como pesquisadores, e puderam observar e experimentar pessoalmente como esta prática de mobilidade transcultural se refletia na vida das pessoas. O trabalho desenvolvido por eles na Índia era o de compreender o que acontecia com indianos que estudavam fora de seu país e como era a vida de americanos que iam para a Índia para trabalharem como profissionais enviados por organizações ou instituições. (Useem 1999 [1993]:1).

De acordo com Ruth Useem o termo "Terceira Cultura" (*Third Culture*) foi primeiramente usado para designar «os estilos de vida (*styles of life*) criado, compartilhado e aprendido por pessoas que estão no processo de relacionar suas sociedades, ou seções dela, com outros» (Useem 1999 [1993]:2). Ruth Useem explica em seu artigo que o termo resultou de seus estudos acadêmicos realizados na Índia e financiados pelo *Institute of International Studies in Education* da *Michigan State University*. Useem explica que o termo não tem ligação com o "Terceiro Mundo", e também não tem ligação com o termo "terceira cultura" de C.P. Snows. Seus estudos foram sobre os indianos que tinham estado no exterior para estudar e posteriormente sobre os americanos que serviram na Índia como «oficiais estrangeiros, missionários, trabalhadores de saúde, empresários, educadores e representantes dos média» (Useem 1999[1993]:4).

Parte do trabalho dos Useem na India consistiu em avaliar as escolas que estavam a ser preparadas para educar os filhos dos trabalhadores expatriados que eram residentes ali. As crianças que acompanhavam seus pais nestas sociedades foram chamadas por eles de *Third Culture Kids*. Useem explica que a movimentação de pessoas no mundo cresceu grandemente a partir da segunda metade do século XX, e especialmente os americanos, devido principalmente às operações militares ao redor do mundo, estavam entre os maiores a se movimentarem. Seu trabalho sobre as escolas que atendiam os expatriados indicava que grande parte dos filhos dos trabalhadores americanos que serviam no estrangeiro frequentavam as escolas estabelecidas pelo Departamento de Defesa Americano, e que por volta de 1960 este número chegou a cerca de 200 mil crianças (Useem 1999[1993]:4). Uma outra parte dos estrangeiros era compostos pelos grupos de missionários, que possuíam suas próprias escolas, e os trabalhadores das petrolíferas que formavam seus «campos escolares» (Useem 1999[1993]:4). Useem indica que naquela época, enquanto existia muita pesquisa sobre os trabalhadores e as organizações que os financiavam, pouco se falava sobre os filhos (crianças e jovens) destes trabalhadores e como eram afetados nestas relações sociais que experienciavam enquanto moradores naqueles países.

Como parte de seu trabalho acadêmico na Universidade de Michigan, Ruth Useem pesquisou durante muitos anos sobre a educação que os *Third Culture Kids* recebiam no exterior, visitando mais de 70 países (a exceção da América Latina) e escolas que serviam aos expatriados com o intuito de observar a educação dada aos filhos dos expatriados e como as transformações políticas nas nações, como guerras e desastres, influenciavam a formação das pessoas que viveram no exterior. Useem observou que as transformações políticas que ocorreram entre as décadas de 1950 e 70, como a Guerra da Coréia e do Vietnã (e consequente saída dos militares americanos destes locais) foram responsáveis pela deslocação de uma grande quantidade de famílias de volta para seus países de origem. A preocupação de Useem era perceber como estas crianças e jovens que viveram no exterior, e posteriormente retornaram para a América, percebiam as transformações políticas que aconteciam no mundo e avaliavam suas experiências de vida como americanos que tinham tanto envolvimento na vida dos países por onde passaram: «como os adultos que passaram sua infância no estrangeiro («TCKs Adultos»), em países onde tiveram uma infância feliz e recompensadora, reavaliam aquela nação que agora se tornou no inimigo? E os adultos TCKs consideram a si mesmos diferentes dos outros americanos que viveram toda a vida na América?» (Useem 1999[1993]:4).

A origem do termo *Third Culture Kids* está, portanto, ligada aos estudos sobre a dinâmica da vida de famílias expatriadas e da formação da identidade pessoal entre os filhos destes trabalhadores expatriados. Ruth e John Useem, e posteriormente outros cientistas das áreas de educação e psicologia, se interessaram por estudar esta maneira de vida e por tentar entender como esta experiência afetaria as relações entre as pessoas no seu retorno para casa e para sua cultura de origem. Ruth Useem indica que estudos sobre o «fenômeno da reentrada» e estudos sobre como as pessoas ajustavam suas personalidade e lidavam com suas diferenças de vida foram realizados, mas ela indica que é preciso ainda estudar as contribuições que estas pessoas podem fazer para suas comunidades e suas famílias, justamente por terem tido um estilo de vida diferenciado (Useem 1999[1993]).

Esta é a origem do termo *Third Culture Kids*. O termo surgiu então, da junção da «primeira cultura» (a dos pais) e da «segunda cultura» (a do país para onde a família se mudava) formando assim a «terceira cultura» que seria a da criança que cresceu «entre dois mundos» (Pollock e Reken 2009[1999]). Este termo tem sido usado para identificar as crianças e jovens que passam seus anos de desenvolvimento se movimentando entre várias culturas. Hoje em dia o conceito de TCK continua sendo basicamente o mesmo desenvolvido por Ruth e John Useem, mas com algumas alterações resultante do contributo das próprias pessoas envolvidas neste processo.

Um dos mais destacados livros que trata do tema dos TCKs é sem dúvida *Third Culture Kids: Growing Up Among Worlds*, de David Pollock e Ruth Van Reken (2009[1999]). Os autores Pollock e Reken utilizaram-se dos estudos de Ruth Useem sobre "terceira cultura" como base para tratar das questões dos expatriados, pois ao seu ver estes estudos foram importantes para compreender que os expatriados tinham formado um estilo de vida (*lifestyle*) diferente de suas comunidades nacionais e também diferente dos países onde estavam vivendo, mas era um estilo de vida que compreendia um pouco de cada. (Pollock e Reken 2009 [1999]). A primeira edição deste livro é de 1999 e trata dos assuntos relevantes para as pessoas que se enquadram neste conceito de TCK. As primeiras linhas da primeira edição do livro indicam a questão principal do livro e a preocupação dos autores:

> «*Third Culture Kids* (TCKs) [crianças que passam um período significante de seus anos de desenvolvimento numa cultura fora da cultura de seus pais] não são novidade e não são poucos. Eles são parte da população do mundo desde as primeiras migrações. Eles são pessoas normais com problemas e prazeres normais da vida. Mas porque eles cresceram em experiências diferentes daqueles que viveram primariamente em uma cultura apenas, os TCKs, por vezes, são visto como estranhos pelas pessoas à sua volta» (Pollock e Reken, 2009[1999]:xi).

Os autores mostram que este conceito de terceira cultura foi concebido por Useem para classificar as pessoas que pertenciam a comunidades expatriadas e que apesar de haver várias diferenças na «subcultura» destas pessoas, a maior parte delas estava interligadas entre si em seu estilo de vida (*lifestyle*). Os autores indicam que os estudos de Ruth Useem se concentraram nos filhos dos trabalhadores com carreiras internacionais como os diplomatas, os militares, missionários e funcionários corporativos. De acordo com Pollock e Reken, Useem procurou ver as características comuns a estes filhos, e notou que o que diferenciava estes jovens e crianças dos filhos de imigrantes, por exemplo, era o fato de que deles se esperava um «papel representativo» (*representational roles*):

> «Estes TCKs eram vistos como 'pequenos embaixadores', 'pequenos missionários' ou 'pequenos soldados'. As pessoas ao redor deles (incluindo os pais) esperavam que o comportamento dos filhos fosse consistente com os alvos e valores do sistema organizacional para que os pais trabalhavam. Se isto não acontecesse, as crianças poderiam comprometer a carreira dos pais.» (Pollock e Reken 2009[1999]:15)

Além disso, Pollock e Reken também indicam que no começo dos estudos sobre TCKs, as comunidades expatriadas viviam em sistemas comuns, como bases militares, bases missionárias ou comunidades corporativas, portanto, era fácil identificar as comunidades de expatriados e a vida destas pessoas estava muito mais interconectada entre si. Portanto, originariamente, o termo TCK não foi um termo aplicado a todos os imigrantes em geral, mas especialmente àqueles que por razões de estilo de vida de escolha de trabalho de seus pais tinham suas vidas construídas em diferentes localidades no estrangeiro e por viverem em comunidades expatriadas têm uma possibilidade de viver uma experiência transcultural em contextos sociais e financeiros muitas vezes privilegiados (Pollock e Reken 2009[1999]).

Embora os autores confirmem que atualmente os complexos comunitários tenham diminuído e as pessoas estão vivendo mais em contatos com as sociedades locais, ao invés de morarem em comunidades expatriadas, Pollock e Reken, entendem que ainda é possível se falar em TCKs, pois o termo TCK define um estilo de vida «criado, compartilhado e aprendido» por aqueles que vivem neste processo transnacional, relacionando uma cultura com a outra. «Cultura, no seu senso mais amplo é uma maneira de compartilhar a vida com outros» e os TCKs são pessoas que apesar das diferenças, compartilham muitas similaridades entre si, e estas experiências de vida que compartilham afetam profundamente seu desenvolvimento como ser culturais. (Pollock e Reken 2009 [2001]:16). Estes autores consideram que o modelo de vida dos TCKs é um exemplo de como a definição de cultura tem sofrido transformações na pós-modernidade, pois sua experiência de vida e identidade cultural não se adequam ao conceito de cultura tradicionalmente definidos (Pollock e Reken 2009 [1999]). Eles então elaboraram o conceito que hoje é usado para explicar o que vem a ser um TCK:

> «*Third Culture Kid* é uma pessoa que passou uma parte significativa de seus anos de desenvolvimento fora da cultura de seus pais. Os TCKs frequentemente constroem relacionamentos com todas as culturas, mas não pertencem a nenhuma delas. Embora elementos de cada cultura sejam assimilados na experiência de vida dos TCK, o sentimento de pertença está no relacionamento com outros que possuam experiência semelhante.» (Pollock e Reken 2009 [1999]:13)

Portanto, desde de sua origem, o termo TCK tem por orientação tratar das questões das pessoas que se desenvolvem em ambientes culturais variados e que por este motivo constroem sua identidade e sentimento de pertença a partir de uma experiência de vida singular. A problemática que acompanha a história de vida destas pessoas está conectada com esta questão da pertença principalmente porque os TCK não constroem sua identidade dentro de um padrão tradicional, mas em um constante movimentar entre culturas.

O que é interessante notar neste conceito de TCK que é percebido por autores como Pollock e Reken é o entendimento de que as pessoas que vivem este estilo de vida não somente fazem parte de um processo cultural transnacional, mas também são transformados por este processo. Ulf Hannerz é a este respeito um dos autores que mais eloquentemente coloca e desenvolve a questão. Quando Ulf Hannerz trata do assunto de cultura transnacionais em seu livro *Cultural Complexity* (1992), indica que os encontros entre culturas produzem «possibilidades de mediação» (*mediating possibilities*):

> «As culturas transnacionais proveem pontos de entradas em outros territórios culturais. Ao invés de permanecer voltado para si, a pessoa pode usar esta mobilidade conectada a eles para fazer contato com os significados de outros tipos de vida, e gradualmente incorporar essa experiência na própria perspectiva pessoal.» (Hannerz 1992:251).

Desta maneira, a entrada em outras culturas pode ser uma descoberta, como afirma Hannerz, «uma jornada de descobrimento pessoal». É neste descobrimento pessoal que se insere a problemática dos TCKs, pois neste contexto de múltiplas associações culturais, o TCK forma sua percepção do mundo e de si mesmo a partir de uma variedade cultural muito grande.

Esta categorização, no entanto, não é final ou suficiente para especificar um TCK. O perfil traçado por John e Ruth Useem relacionava os TCKs com os profissionais que trabalham para organizações, como militares e missionários, mas cada vez mais o termo TCK tem englobado um maior número de pessoas que se identificam com o perfil traçado por Pollock e Reken, a ponto de em sua nova edição, os autores fazerem menção dos *Cross Cultural Kids* (CCKs), pessoas que se identificam como TCK, mas cuja experiência transcultural não está completamente ligada ao estilo de vida dos expatriados, mas podendo ser filhos de imigrantes, exilados ou de famílias bi-culturais (Pollock e Reken 2009[1999]). É neste sentido que, como já observei, a transformação e expansão da categoria se passa a deixar já não apenas a quem analisa estas situações e estilos de vida, mas também aos que "serviram" dela para darem sentido às suas experiências e identidades pessoais. É neste sentido um fenômeno muito característico da pós-modernidade, de um *ethos* reflexivo de constituição do *self* de que tantos cientistas sociais falam na década de 1990 (eg. Anthony Cohen, Giddens) (Viegas e Gomes 2007).

As experiências vividas pelos TCKs são experiências compartilhadas por pessoas que vivem neste processo da cultura transnacional, seja ela um filho de diplomata, um filho de imigrante ou um filho de um exilado. As similaridades entre os perfis de TCKs e CCKs estão no fato de que eles fazem parte de um processo cultural que está inserido em um contexto transnacional cosmopolita que permite uma construção da identidade pessoal a partir desta experiência (Malkki, 1992). Mas o que diferencia os TCKs dos CCKs é o estilo de vida de alta mobilidade. Nos casos de imigrantes ou exilados, a movimentação geralmente ocorre entre dois países, mesmo que no novo país o contato com um estilo de vida transnacional o leve a perceber o mundo de uma maneira parecida com um TCK, este irá viver esta experiência em variados contextos, muitas vezes mudando de país a cada 2 ou 3 anos, o que faz com que sua experiência seja mais intensa que a experiência vivida por um exilado ou um imigrante. Além disso, o exilado ou o imigrante pode não ter a oportunidade de retorno ao seu país de origem, como acontece com os TCKs. Um outro ponto de diferenciação é o da qualificação profissional dos expatriados. Geralmente um dos pais ou ambos possui formação superior e desenvolvem suas carreiras em cargos que exigem alta qualificação, diferenciando-se assim da grande maioria dos imigrantes e dos exilados.

TCK é, portanto, um termo usado para especificar as pessoas que estão inseridas em um processo transnacional de alta mobilidade e que por causa deste processo constroem sua identidade pessoal a partir de uma experiência cultural transnacional. Este termo diz respeito não aos profissionais expatriados que saíram de seus países, mas aos filhos destas pessoas, que durante seus anos de desenvolvimento estiveram em contato com várias culturas, e porque construíam sua identidade neste meio, desenvolveram os traços desta cultura transnacional. Devido a uma diferença no modo como vêm o mundo a partir de uma ótica transnacional, os TCKs lidam com as questões de sua identidade de forma específica. A forma como vêm a si mesmo e como relacionam-se com outros vai ter impacto tanto na identidade pessoal do TCK como na cultura onde ele está inserido.

1. Rede de Apoio aos TCKs

Em seu livro *Cultural Complexity* (1992), Ulf Hannerz indica que há um grande número de literatura voltada para lidar com as questões que ele chama de «indústria do choque cultural» (Hannerz 1992:251). São livros dedicados especialmente aos expatriados, em sua maioria tratando das questões de adaptação e preparação para viver em outras culturas. Há também os programas de treinamento que algumas empresas e organizações providenciam para ajudar seus trabalhadores a lidarem com as diferenças culturais. Esta literatura que hoje é muito variada e os treinamentos que ocorrem não somente dentro das empresas mas também através de organizações formadas para este fim, não existiram desde o começo do processo de movimentação das pessoas. Elas foram acontecendo através do tempo a partir das iniciativas de algumas organizações ou mesmo dos expatriados envolvidos neste estilo de vida.

Esta literatura que trata dos processos de "choques culturais" engloba um amplo universo de pessoas. Um dos problemas que encontrei ao lidar com as literaturas sobre experiências de quem vive no estrangeiro é que há diferentes experiências de vida e diferentes termos associados aos estrangeiros, fazendo com que dois problemas sejam persistentes nos estudos sobre estas pessoas. O primeiro é que por terem experiências diferentes os estrangeiros não podem todos ser considerados sob um conceito apenas, como o de migrante, expatriado ou exilado. Seguindo-se a isto encontra-se o segundo problema, que foi comentado por Betina Szkudlarek (2010) em seu estudo sobre a literatura dedicada ao processo de reentrada de todos os tipos de pessoas que vivem no estrangeiro. Ela aponta que um dos problemas em se estudar o estilo de vida dos estrangeiros é que na literatura existente sobre o assunto os conceitos usados são vários, causando uma dificuldade de se considerar as problemáticas existentes sob um mesmo foco. Ela indica que a literatura que trata dos *Third Culture Kids*, por exemplo, pode ser encontrada sob os temas de «reentrada» como sob o tema de «expatriados» ou mesmo sobre literatura de «estudantes retornados» (Szkudlarek 2010). No caso das indicações de literatura e organizações que passo a citar a seguir, indico apenas aqueles que tratam do assunto de *Third Culture Kids* a partir do conceito já discutido por mim na seção anterior. Não considero portanto toda a gama de literatura especializada em outras áreas de estudo sobre estrangeiros que vivem no exterior.

De acordo com Kay Branaman Eakin, consultora internacional especializada em educação que trabalhou por muitos anos como consultora do Departamento de Estado Americano e autora do livro *According To My Passport, I Am Coming Home* (1998), a falta de raízes em sua "cultura" de origem criou para os jovens TCKs uma dificuldade ao retornarem para seus países de origem. Estes desafios do retorno foram identificados pelas comunidades de missionários, diplomatas, militares e profissionais expatriados somente nas últimas décadas do século XX (Eakin 1998). Historicamente os oficiais ou trabalhadores eram enviados para o exterior por suas respectivas organizações com um preparo para o trabalho, mas não se considerava ou sequer equacionava a necessidade de qualquer preparo no retorno da família para casa. Segundo Eakin as agências missionárias foram as primeiras a notar a necessidade da preparação do retorno da família e somente nos últimos anos da década de 70 é que a comunidade diplomática americana começou a preparar programas que abordassem este assunto (Eakin 1998). Foi também nesta mesma época que mais pesquisas começaram a aparecer sobre o assunto de crianças em alta mobilidade e as necessidades na reentrada destes jovens. Apesar destas pesquisas e das publicações sobre o assunto terem começado a partir das experiências entre os americanos, aos poucos várias outras pesquisas sobre o estilo de vida de alta mobilidade foram desenvolvidas em diferentes países, demonstrando que este não é um fenômeno específico americano, mas que aspectos semelhantes podem ser encontrados entre os jovens filhos de missionários, militares, diplomatas e empregados do setor corporativo (Eakin 1998) em outros países.

Além da literatura e dos programas de treinamento, as famílias dos expatriados possuem a ajuda de uma rede de apoio formada por vários profissionais, como psicólogos e educadores, que se interessam pelo assunto dos TCKs por serem eles mesmos parte desta cultura transnacional. Este interesse maior pelo assunto da preparação das famílias à saída e a entrada de volta aos seus países de origem é mais um dos processos que aconteceram por causa das necessidades sentidas pelos próprios envolvidos no assunto (Eakin 1998). É interessante perceber que ao passar pelo processo de mobilidade muitas vezes os próprios pais e familiares percebem os problemas de relacionamento de seus filhos e ao procurarem ajuda para resolver estes problemas encontram informações sobre o estilo de vida em que vivem e como lidar com os desafios que enfrentam. As informações sobre este assunto são passadas entre as famílias envolvidas, através de programas das organizações responsáveis pelos trabalhadores ou das escolas internacionais, criando uma rede de ajuda e grupos de apoio para os envolvidos neste estilo de vida (Eakin 1998).

Como são muitas as organizações em várias partes do mundo que tem tratado desta condição, o termo TCK não é o único usado na literatura sobre o assunto. Como tradicionalmente os TCKs estão ligados às agências militares, missionárias, diplomáticas e corporativas, cada uma delas possui a própria nomenclatura para identificar os filhos dos profissionais. As agências missionárias e várias organizações que trabalham em conjunto com missionários usam o termo MK (*Missionary Kids*). *Overseas Brats* é o termo usado para descrever os dependentes dos militares e um termo também usado atualmente para descrever adultos que viveram neste estilo de vida seria o de *Global Nomad* (Pollock e Reken 2009[1999]).

Como o interesse pelos TCKs surgiu principalmente relacionado à área da educação e da saúde mental, várias organizações dentro e fora dos Estados Unidos da América foram criadas a partir dos anos 80 com a proposta de produzir conferências sobre o assunto e produzir discussões para ajudar os envolvidos neste contexto de vida. Eakin cita em seu livro várias organizações de apoio que vieram a existir com o aumento do conhecimento deste assunto pelos próprios envolvidos. Hoje em dia são muitas as organizações que trabalham em parceria com os militares, empresas multinacionais e agências missionárias que procuram passar informações aos profissionais e fazer com que as relocações aconteçam da maneira mais tranquila possível (Hannerz 1992; Eakin 1998; Pollock e Reken 2009[1999]). Em uma pesquisa na internet podemos encontrar diversos *websites*, organizações não-governamentais e *webblogs* que tratam do assunto usando o termo TCK. Das organizações mais citadas na *Web* sobre TCKs destaco: FIGT: *Families in Global Transition* (www.figt.org), *Interaction International* (www.interactionintl.org), *Foreign Service Youth Foundation* (www.fsyf.org), e as páginas que tratam dos assuntos mais pertinentes para os expatriados: *Aramco Brats* (www.aramco-brats.com), *Expat Women* (www.expatwomen.com), Expatica (www.expatica.com), *Global*

Education Explorer (www.globaleducationexplorer.com), *Mu Kappa* (www.mukappa.org), *TCKid* (www.tckid.com), Cuidado Integral (www.cuidadointegral.com), entre muitas outras.

Ruth Van Reken, co-autora do livro *Third Culture Kids: Growing Up Among Worlds*, também é fundadora de uma organização que tem como objetivo servir aos interesses das famílias em transição, chamada *Families in Global Transition* (www.figt.org). Criada em 1998, esta organização tem a intenção de providenciar conferências para as famílias de expatriados que sentem-se em falta de um apoio para lidarem com as questões de reajustamento em relocações internacionais. Na *website* da organização é assinalado que por mais de dez anos esta organização tem providenciado às famílias de expatriados educação transcultural, treinamento e apoio para a família inteira. Na mesma página na internet é possível assistir a várias entrevistas com pessoas ligadas a esta organização. Esta organização já possui filiais na Suíça e na Coreia do Sul, que falam da importância de tais associações para as famílias em transição global. De acordo com os envolvidos com tais organizações, estas são necessárias para criar uma ligação entre as famílias e para que haja uma troca de conhecimentos entre os envolvidos. Afirmam também que a maioria das pessoas que estão envolvidas em tais organizações, como especialistas e consultores, foram ou estão de alguma forma envolvidos neste contexto transcultural, tendo vivido uma experiência de expatriados em algum ponto de suas vidas.

Brice Royer é outra pessoa de muita influência em meio aos TCKs e fundador do *site TCKid.com*. Tendo crescido como um TCK, ele é um dos responsáveis pela divulgação do termo e em conjunto com outras pessoas tem sido um importante defensor da ideia geral de que TCKs formam uma comunidade que tem aspectos diferenciados a partir de uma identidade em comum, um senso de pertencimento que une os TCKs. Em seu *site* encontramos vários depoimentos de jovens que se identificam como TCKs e dão testemunho de como esta identificação foi importante para perceberem quem são.

O envolvimento de algumas pessoas com *websites*, organizações e associações que tratam deste assunto de TCK gerou inúmeras ações em variados países para a disseminação da ideia de uma comunidade identificada pela variedade de suas histórias ao mesmo tempo que pela identificação e pertença a um grupo específico. Os envolvidos neste processo estão conectados entre si para que haja uma conscientização desta comunidade e um reconhecimento da sua existência. Dentre os maiores envolvidos na disseminação do conceito de TCK nas últimas décadas encontraram-se David Pollock, Ruth Van Reken, Brice Royer, Norma McCaig, Josh Sandoz, Margie Ulsh, Robin Pascoe, Donna Musil, Ann Baker Cottrell, Rebecca Anderson Powell entre muitos outros (Royer, 2009). Como parte de seus esforços vemos cada vez mais *websites*, páginas em redes sociais como *Facebook*, livros, matérias em revistas, e até mesmo um documentário, *Les Passagers, a TCK story* – encomendado pelo *French Immigration Authority* – que conta a história dos TCK e o que significa fazer parte desta comunidade (Expatica, 2010).

É importante verificar que toda esta rede de apoio dos TCKs existe a partir da iniciativa de particulares, e muito raramente de governos (com exceção do Departamento de Defesa Americano). Mesmo quando há o envolvimento governamental no cuidado dos trabalhadores, a questão principal deste cuidado é com o indivíduo e como ele vai lidar com as questões do "choque cultural" em sua experiência em outras culturas e como ocorrerá sua readaptação em sua cultura de origem. Portanto, o que acontece aqui é que a maior parte dos envolvidos, sejam profissionais ou as organizações, estão a trabalhar a partir do cuidado com o indivíduo.

Isto se deve, principalmente, ao fato da maior parte destas culturas transnacionais serem originárias da cultura ocidental. Segundo Hannerz a maioria dos membros das redes transnacionais em questão são trabalhadores europeus ou norte-americanos, e grande parte dos recursos de que dispõe vêm da Europa ou América do Norte, mesmo que os trabalhadores se desloquem para outros países em outros continentes. Hannerz considera que as culturas transnacionais são uma extensão ou uma transformação das culturas da Europa e da América no Norte. Mesmo que as agências ou os locais onde os significados são compartilhados e distribuídos estejam em outros locais, estes são os locais de onde saem as organizações (Hannerz, 1992:250). Segundo este autor a preocupação com a diminuição do choque cultural é, portanto, uma tentativa de minimizar as diferenças culturais para que os trabalhadores tenham uma experiência menos traumática no encontro com outra cultura. O trabalho das organizações e das corporações que enviam as pessoas seria então o de minimizar os choques e «normalmente estas agências tem a tendência de fazer com que as pessoas da Europa e da América se sintam o mais em casa possível» (Hannerz, 1992:250).

De acordo com as colocações de Hannerz, podemos perceber então que nas culturas transnacionais a preocupação com a adaptação cultural é feita para que o profissional, seja ele americano ou europeu, não se sinta deslocado culturalmente. Em contextos com tradição socio-cultural focalizados na sociedade, o fenómeno dos TCK parece ganhar contornos diferenciados, como é o caso do Japão. Podolsky debruça-se sobre o fenômeno TCK no Japão e observa que o governo japonês estava particularmente interessado não no impacto que uma vida transnacional possa ter sobre o indivíduo que sai do país, mas no impacto que este indivíduo irá trazer para a sociedade japonesa quando retornar (Podolsky 2009). Tal perspectiva havia sido avançada como já referi por Ruth Useem quando defende ser importante a realização de estudos sobre como as experiências de vida dos expatriados TCKs podem vir a contribuir para a sociedade, de onde partem e não apenas num enfoque estrito no cuidado com o indivíduo (Useem 1999[1993]).

Alguns autores têm vindo a defender que o conceito sobre TCKs teve uma grande disseminação entre países ocidentais, onde a prevalência do individualismo é maior e é poucas vezes percebido em contextos que estão fora da influência da cultura ocidental. Mas esta realidade vem mudando, pois é possível encontrar na América Latina, especialmente entre as agências missionárias brasileiras, uma preocupação cada vez maior com as questões da adaptação cultural dos missionários e de seus familiares que trabalham em um contexto transnacional. Várias são as agências que já são responsáveis por diversas iniciativas neste domínio, promovendo encontros, palestras e reuniões para seus missionários e igrejas, voltadas para a informação sobre os desafios de uma vida transcultural, usando mesmo o termo TCK e as mesmas ideias adotadas pelas organizações internacionais.

Mesmo assim, neste domínio de informações recolhidas, praticamente todas em língua inglesa, há pouco espaço para a discussão das questões dos expatriados em língua portuguesa, com exceção do contexto missionário brasileiro. Numa procura na internet sobre o assunto, encontramos a Associação das Famílias dos Diplomatas Portugueses (AFDP – www.acdp.pt), criada no ano de 1982, e de acordo com as informações contidas no *site*, foi criada para «defender e representar os interesses dos cônjuges dos diplomatas portugueses e suas respectivas famílias». Embora não citem o termo TCK, a preocupação com as questões relacionadas com o ajustamento dos familiares no exterior pode ser vista quando analisamos o documento que relata as conferências realizadas pela associação, a partir de 1985 até 2002. Verificamos então que durante estes 17 anos, quase todas as conferências refletem sobre o assunto de educação e necessidades dos filhos, demonstrando como é importante a discussão da realidade que é vivida por estes profissionais expatriados e suas famílias.

Todas estas organizações e indivíduos que se envolvem no cuidado dos TCKs e de suas famílias têm como objetivo não somente a preparação para uma vida no estrangeiro, mas também a readaptação das pessoas quando voltam para casa. O modelo analítico destas organizações parte desta mesma ideia de que durante os anos que passam como expatriados, estas famílias vão experimentar, em um maior ou menor grau, um estilo de vida de uma cultura transnacional e ao retornarem para casa irão enfrentar as dificuldades que são consequência das transformações que passaram enquanto viviam neste meio. É por este motivo que muitos profissionais que trabalham com TCKs entendem a importância do preparo para as famílias tanto ao sair do país quanto para o retorno à sua origem. Tanto os autores das literaturas quanto os profissionais que trabalham com TCKs percebem que as mudanças na identidade acontecem e é por este motivo que entendo que a compreensão de como isto acontece é importante para que haja uma maior compreensão deste estilo de vida.

2. Identidade e Pertença: o ponto de vista dos TCKs

Por toda a literatura focada no tema de TCKs pode-se verificar uma constância da problemática identificada pelos autores como parte da realidade dos expatriados e dos TCKs. Embora a literatura seja variada e as pesquisas sobre o fenômeno específico dos TCKs sejam ainda poucas, os enfoques dos autores giram em torno dos mesmos temas, que são em geral conectados às questões psicossociais: a formação da identidade, perda dos relacionamentos, solidão, ansiedade e depressão, entre outros problemas relacionados à saúde mental (Szkudlarek 2010).

Portanto não é com surpresa que ao procurar por material relacionado com o tema dos TCKs tenha encontrado muita literatura relacionada com as áreas de psicologia e educação, focando nas questões da adaptação dos TCKs e dos problemas psicossociais que enfrentam. Parte desta realidade está ligada ao interesse dos autores em encontrar soluções para as adaptações das pessoas nas novas culturas (Hannerz 1992), ou em alguns casos, porque estão procurando fazer com que as pessoas tenham consciência da existência destes problemas e desta «comunidade» (Royer 2009).

Uma pesquisa mais detalhada sobre esta literatura, porém, indica que a preocupação não está somente em buscar conhecimento sobre a prevenção do choque cultural, mas é também constituída de uma variedade de guias para a compreensão da identidade destes expatriados. Uma pequena busca em um site da internet sobre o assunto de *Third Culture Kids* irá fornecer uma grande lista de livros que tratam do tema com títulos sugestivos que vão desde *Global Nomads* a *Life as a Expatriate*, entre outros. Isso se deve a um estilo de vida que é compartilhado por um grupo cada vez maior de pessoas, onde o conhecimento sobre a realidade em que vivem não passa despercebido por eles e como consequência disto, cada vez mais há literaturas e informações que dão conta de preencher as necessidades que estas pessoas têm de compreender seu estilo de vida, principalmente no que concerne à sua própria identidade.

Como pode ser percebido no livro de Pollock e Reken, as questões estão voltadas para as necessidades dos TCKs como indivíduos, e como é preciso perceber os problemas e os benefícios desta vida transnacional. Os problemas que estes autores detectam entre os TCK são vários, mas quero destacar neste trabalho aqueles que estão relacionados com as questões de identidade e pertença, da forma como um TCK lida com sua adaptação a uma determinada cultura, seja ela a cultura onde se insere, ou sua própria cultura, quando retorna para casa.

O maior foco de atenção das pessoas que estão envolvidas com *Third Culture Kids*, portanto, é o sentimento de pertença e identidade e frequentemente nesta literatura, esta problemática é levantada como a bandeira que une estas pessoas sob uma mesma ótica. No entendimento destas pessoas o sentimento de que não pertencem a lugar algum e de que não se encaixam em nenhum padrão de identidade existente é muito comum. Pollock e Reken consideram que «os pressupostos tradicionais do que significa pertencer a uma determinada raça, nacionalidade ou etnia são constantemente desafiados por aqueles cujas identidades foram formadas entre muitos mundos culturais» (Pollock e Reken 2009 [1999]: xi). A luta de muitas destas pessoas que vivem neste contexto é encontrar um senso de equilíbrio cultural e de identidade quando estão vivendo o processo de formação de sua identidade como todas as outras pessoas fazem, ou seja, segundo os autores, através do aprendizado da cultura local:

> «A experiência de vida deles tem sido diferente de todos aqueles que cresceram numa comunidade estável, tradicional, monocultural (…) ao mudarem-se com seus pais de lugar para lugar, os valores culturais e práticas das comunidades onde vivem mudam radicalmente» (Pollock e Reken 2009 [1999]: 47).

Ainda de acordo com Pollock e Reken esta constante mudança leva-os a não sentirem pertença a lugar nenhum ao mesmo tempo que os leva a se adaptarem a todos os lugares. Em um outro livro, *Unrooted Childhoods: Memoirs of Growing Up Global* (2006) – uma coleção de memórias escritas por pessoas que se consideram TCKs – podemos perceber como os TCKs se veem como pessoas "desenraizadas" e que procuram um sentimento de pertença em meio a tantos contextos culturais:

> «Crianças nômades são como epífitas, plantas que vivem da umidade e dos nutrientes no ar, sopradas ao vento e apoiadas temporariamente em árvores hospedeiras. Levadas a partir de uma casa e colocadas em outra, estas crianças aprendem a não prenderem-se muito profundamente. No entanto, apesar da

sua resistência ao enraizamento, estas crianças precisam de um sentido de pertença, uma forma de integrar os seus muitos eus culturais e encontrar um lugar no mundo. Como todas as outras crianças, elas precisam de um sentido seguro de si mesmas, de uma identidade estável.» (Eidse e Sichel 2004:1)

Atrelado à questão da pertença está a procura pelo lar (*home*). A questão do lar (*home*) torna-se em um grande problema, pois os conceitos que normalmente são atribuídos à pertença a um determinado lugar, como o território e a nacionalidade perdem intensidade quando se vive em um contexto de alta mobilidade. «Crianças criadas como estrangeiras frequentemente questionam o conceito total de lar (*home*), nunca sentindo que pertencem totalmente a qualquer lugar. Eles se perguntam quem são e se algum dia vão se fixar permanentemente em algum lugar.» (Eidse e Sichel 2004:4).

As histórias contadas por pessoas que se consideram TCKs, permitem-nos perceber que a busca por esta identidade e sentimento de pertença compreende um processo longo em suas vidas e está completamente ligado à maneira como estas pessoas irão viver estas experiências de vida. As histórias de suas vidas deixam-nos perceber como as relações sociais são importantes neste processo de formação de uma identidade pessoal. Questões como a língua, lugar, família e comunidades estão interconectadas tanto na formação da cultura como na formação da identidade pessoal. Estas questões para os jovens TCKs são frequentemente trazidas à tona pelas relações de poder que existem nestes contextos e a cada mudança que é experimentada por estes jovens. Em todos os lugares para onde vão as barreiras linguísticas, o aprendizado do quotidiano, os rituais do dia-a-dia fazem parte de um conhecimento que coloca estes jovens em posições onde eles serão sempre os diferentes, seja porque são estrangeiros em terras de outros, ou porque se tornam estrangeiros em suas próprias culturas de origem.

Desta maneira, penso que é preciso conhecer como estes jovens TCKs formam suas identidades pessoais dentro de um contexto cultural variado, como já foi apresentado, dentro de um contexto cultural transnacional. Passo a descrever portanto, como os autores das Ciências Sociais têm visto a formação da identidade pessoal através do tempo e como estas perspectivas foram modificadas nas últimas décadas.

O CONCEITO DE CULTURA DA VISÃO CENTRALIZADA EUROPEIA PARA A DIVERSIDADE MODERNA

A cultura é entendida de diversas maneiras e embora uma noção exata do seu significado não possa ser aceita por todos, não é possível negar a sua existência e sua influência sobre nós. Todos os seres humanos são ao mesmo tempo seres individuais e seres sociais e tradicionalmente a cultura é vista como «formas distintas de estruturas de significados, normalmente ligadas aos territórios, com indivíduos evidentemente ligados a tais culturas» (Hannerz, 1990:238). Deste modo é possível compreender que por muito tempo a cultura foi entendida como uma força que mantém a coesão social de um grupo (Featherstone, 1995).

Inda e Rosaldo lembram que a ideia tradicional de "cultura" refere-se sempre a um grupo de pessoas, seja uma nação, etnia ou tribo que possuía um sistema de significados compartilhados através dos quais entendiam o mundo e que tradicionalmente tem sido vinculado à ideia de território fixo. Os autores que tem vindo a problematizar o conceito de cultura na contemporaneidade argumentam que o modelo que influenciou a forma como as Ciências Sociais viam a organização da sociedade foi precisamente aquele que presidiu à construção dos Estados europeus e o modelo de política que valorizava as culturas nacionais como algo fortemente integrado. Isto acontece porque tradicionalmente a tendência do pensamento ocidental é de que as culturas foram formadas a partir da coesão e da uniformidade das práticas de determinados grupos que a um dado momento na história vieram a formar os Estado-nação Europeus (Inda e Rosaldo 2002). De acordo com Magdalena Nowicka (2006) a força que existe nesta associação entre território, cultura e identidade fica bastante aparente quando uma pessoa muda de país e é frequentemente inquirida sobre quais as razões para deixar «seu» país ou quando será a volta «para casa» daquele imigrante. Nowicka aponta que no cerne de questões como estas estão «suposições profundamente enraizadas sobre os limites territoriais de cultura e identidade» (Nowicka 2006:16). Gupta (1992) nos lembra, por exemplo, que a noção de Nação está tão enraizada em nosso dia-a-dia e «tão completamente pressuposta nos discursos acadêmicos sobre "cultura" e "sociedade" que se torna difícil lembrar que é uma forma recente, historicamente contingente de organizar o espaço no mundo».

Na última metade do século XX, porém, os estudiosos das Ciências Sociais tem mudado a forma de ver a cultura e a relação entre cultura e territorialidade. Muitos autores (Featherstone 1995, Hannerz 1996, Gupta 1992, Inda e Rosaldo 2002, Appadurai 1996, Nowicka 2006, Malkki 1992) consideram que a mudança está na conceituação da cultura de algo fixo e coeso para algo pluralista e fragmentado. Estas mudanças na conceituação da cultura partiu de um olhar modificado destes cientistas sociais que só foi possível por causa do processo conhecido como Globalização, que veio a acontecer no mundo no último século e que refere-se a uma intensificação da interconexão global em um mundo de movimento, mistura e interação cultural. Segundo estes autores, neste processo, os modos de deslocação das pessoas, do capital, dos produtos, das imagens e das ideologias foram responsáveis pela transformação na forma de relacionamentos entre as pessoas que nunca antes tinham sido experimentadas e pela percepção de como este processo ocorre.

É por isso que a globalização se tornou um elemento chave na compreensão das transformações que aconteceram nos processos de formação da cultura na modernidade. Os autores que trabalharam este tema concordam que o processo de globalização não foi um processo novo na história mundial, mas que algumas características específicas desta forma atual de movimentação foram relevantes para marcar uma diferença na maneira como as pessoas se relacionam. Ao analisar as teorias de alguns autores sobre como a globalização influencia o mundo hoje, percebemos dois pontos que são importantes e complementares.

O primeiro ponto a ser analisado é a teoria de Anthony Giddens sobre a «compressão do espaço e do tempo», teoria que explica como a globalização tornou o mundo aparentemente menor no espaço e no tempo, e consequentemente fazendo com que as formas culturais movam-se pelo mundo mais rapidamente, levando transformações a todo lugar. A segunda teoria que é analisada no trabalho de Ulf Hannerz é a dos «fluxos culturais globais» que procura explicar como o processo de formação cultural acontece a partir dos inter-relacionamentos culturais globais, com uma ideia de fluxos de relacionamentos, numa compreensão da cultura como processo que está em constante transformação, onde os indivíduos são responsáveis por manterem este movimento através da percepção dos significados que fazem de si mesmo e dos outros.

A interação destas duas teorias remete, portanto, a um dos aspectos desta tese, pois é esta interação que permite explicar o surgimento das «culturas transnacionais» ou «terceiras culturas», que caracteriza-se por serem «estruturas de significado carregadas por redes sociais que não estão totalmente baseadas em um único território» (Hannerz, 1992: 249). O conceito de «culturas transnacionais» engloba aquelas pessoas que através do seu estilo de vida têm sua cultura e sua identidade transformadas, como é o caso dos TCKs. Hannerz e Featherstone afirmam que esta «cultura transnacional» vem tomando cada vez mais espaço à medida que as conexões entre as pessoas aumentam no mundo. Com uma característica de orientação que ultrapassa a questão das fronteiras territoriais, este tipo de «terceira cultura» é resultado do envolvimento de pessoas em mais de uma cultura e estas pessoas estão envolvidas em processos de comunicação intercultural que modificam a forma como as pessoas constituem suas identidades e percebem o mundo ao seu redor.

Não é possível, porém, tratar somente dos aspectos da formação da cultura para entender como acontece a formação da «Cultura Transnacional». É neste ponto que um outro aspecto se torna relevante para esta dissertação, que é a questão da formação da pessoa. Hannerz e Giddens explicam como o processo de formação cultural é construído no processo de globalização, mas é preciso lembrar que ao mesmo tempo que as pessoas estão inseridas numa relação social elas também são formadas como pessoas e formam sua identidade pessoal, numa relação mútua e indissociável. É importante, portanto, tentar perceber como esta cultura transnacional modela e transforma a construção da pessoa e como esta identidade construída em um ambiente transnacional irá influenciar a forma como as pessoas percebem e vivenciam o mundo ao seu redor. Tentar analisar estas questões que estão tão interligadas não é um processo fácil. Como seres sociais formamos nossa identidade dentro de um contexto social, por isso não é possível desassociar o indivíduo do contexto em que ele está inserido para "analisá-lo". Para uma apresentação das teorias, entretanto, pretendo tratar de cada ponto separadamente, portanto, neste capítulo proponho-me a fazer uma recapitulação teórica dos autores que tratam das questões sobre globalização e transnacionalismo e como os *Third Culture Kids* estão inseridos dentro deste contexto mundial. No capítulo seguinte tratarei das questões de identidade e pertença a partir deste contexto transnacional e apresentarei a teoria de Christina Toren sobre a formação da pessoa.

1. A Globalização e a «Compressão do Espaço-Tempo»

Autores como Anthony Giddens, Renato Rosaldo, Jonathan Inda, Ulf Hannerz, Arjun Appadurai, Stuart Hall e Mike Featherstone, entre outros, estão entre os antropólogos e sociólogos que durante as décadas de 1980 e 1990 estudaram o fenómeno da globalização e suas implicações na sociedade e no processo de construção da cultura, especialmente no processo que se desenvolveu no final do século XX e início do século XXI. Como vários outros pensadores, estes autores concordam que a globalização não é um fenómeno novo e específico de nossos dias, pois eles entendem que o mundo antes do século XX já era um mundo com muita movimentação entre lugares, pessoas e mercadorias.

Como um dos autores que identifica as movimentações no mundo neste contexto anterior à modernidade, Arjun Appadurai (2002[1996]) retorna aos séculos XV e XVI para demonstrar que as movimentações no mundo já existiam e já transformavam as relações entre pessoas e lugares, mas que em sua maioria, eram as guerras e as questões religiosas as duas grandes forças que explicavam as movimentações que aconteciam e que eram responsáveis pelos contatos entre os grupos sociais distantes geograficamente. Neste processo, os problemas da distância e do tempo limitavam as formas como estas interações modificavam de maneira significativa os grupos sociais. Segundo Appadurai (2002[1996]), apesar das movimentações e dos contatos, as mudanças aconteciam de maneira mais lenta e em períodos de tempo mais espaçados, deste modo, era possível identificar nas movimentações anteriores um certo compartilhamento cultural em menor escala do que hoje, embora tenha sido sempre constante na história.

Apesar de não se tratar de uma novidade na questão da mobilidade, o que todos os autores concordam, porém, é que o processo de globalização que se deu a partir do século XX possui uma particularidade que diferencia o processo atual das movimentações anteriores, a chamada «reorganização do tempo e do espaço» (Inda e Rosaldo 2002:5). Inda e Rosaldo apontam que os dois autores que melhor descrevem esta reorganização do tempo e do espaço são David Harvey e Anthony Giddens. Estes autores consideram as perspectivas de Harvey e Giddens como complementares, pois explicam a reorganização do tempo e do espaço a partir de diferentes pontos de vista. «Enquanto David Harvey percebe o capitalismo como o motor principal da globalização, Giddens vê o processo global como operação a partir de quatro dimensões: capitalismo, sistema inter-estadual, militarismo e industrialismo» (Inda e Rosaldo 2002:29). Entre os dois pontos de vista, de Harvey e Giddens, concentrarei minhas exposições na teoria de Giddens pois é a que mais toca na questão da vida social e cultural, que é um dos pontos em questão neste trabalho. Não que as questões económicas não sejam importantes para a análise das relações sociais, mas as ideias de Giddens se voltam mais para a extensão da vida social através do espaço e do tempo. Para entender melhor esta reorganização do espaço e do tempo, é preciso analisar melhor as considerações de Giddens.

Giddens afirma que a separação do tempo e do espaço foi responsável pela deslocação do espaço para fora do lugar (Giddens 1994). Com as inovações tecnológicas que apareceram a partir do final do século XIX e desenvolveram-se durante os dois séculos seguintes, as informações e os relacionamentos entre as pessoas passaram a não depender de um mesmo local ou de existir em um mesmo tempo. Giddens comenta que as atividades que antes eram realizadas no quotidiano eram compreendidas em uma relação do tempo e do espaço, em contatos «face-a-face» que consistiam em uma presença física no momento e no espaço. Com a universalização do tempo e a facilidade de deslocação no espaço as relações sociais foram removidas dos contextos locais e foram rearticuladas no espaço e no tempo. Esta rearticulação não significa que o tempo e o espaço se tornaram estranhos à organização social, mas «fornece a base mesma para a sua recombinação em modos de coordenação das atividades sociais, sem referência necessária às particularidades do lugar.» (Giddens 1994:15). O que Giddens propõe aqui é que a relevância do lugar é modificada, mas não eliminada nas relações sociais.

Esta remoção que Giddens cita é o que ele chama de «descontextualização» e explica a distanciação introduzida pela modernidade (Giddens 1994:16). Esta distanciação estaria mais ligada ao espaço, pois permitiria às pessoas uma forma de conexão umas com as outras, ligando práticas locais com relações sociais globais, mesmo em situações do dia-a-dia. É desta forma que Giddens indica que a globalização é responsável por uma presença e por uma ausência, «por um entrelaçar de eventos sociais à distância com as contextualidades locais» (Giddens, 1994:19). Esta percepção é importante para demonstrar que as relações sociais derivadas desta globalização deixaram de estar baseadas somente em uma localidade, permitindo às pessoas se relacionarem em redes sociais localizadas em diferentes espaços geográficos.

Stuart Hall também explica essa «compressão espaço-tempo» como sendo um sentimento de que o mundo se tornou menor e as distâncias mais curtas e que os acontecimentos em diferentes lugares têm impacto em locais distantes, com o espaço físico podendo ser «cruzado» em pouco tempo, «por um avião a jato, por fax ou por satélite» (Hall 2005[1992]:73). Deste modo uma pessoa pode se deslocar no espaço de forma muito mais rápida que há alguns anos atrás e com isso, as experiências e as relações entre as pessoas em diferentes locais passam a ser facilitadas como nunca antes.

É neste sentido que a «compressão do espaço-tempo» influenciou a forma como as relações sociais foram modificadas a partir da segunda metade do século XX. Para estes autores que seguem esta abordagem, a noção de que o mundo ficou menor e a facilidade de transmissão de ideias e perspectivas culturais tornou o processo de formação cultural mais intenso e ao mesmo tempo abriu novas maneiras de perceber como as relações sociais funcionam na formação e organização cultural e na formação da identidade pessoal.

2. Fluxos Culturais Globais

Para entender como este processo global influencia a formação cultural não basta somente entender a questão da compressão do espaço e do tempo, mas é preciso entender como estas transmissões de ideias podem transformar a construção da cultura. É desta maneira que a teoria de Ulf Hannerz é pertinente para descrever como o processo de construção e distribuição da cultura acontece e como isto influencia as relações sociais. O contributo de Hannerz sobre a questão do processo de formação da cultura é importante para este trabalho porque suas considerações entendem a formação da cultura como um processo contínuo de inter-relacionamento entre pessoas. Suas colocações sobre fluxos culturais, estruturas de significados e de distribuição da cultura servem para entendermos que «culturas pertencem primeiramente às relações sociais e às redes de tais relacionamentos. Somente indiretamente, e sem uma necessidade lógica, elas pertencem aos lugares» (Hannerz 1992:39). Esta noção de que as relações sociais modificam a forma como a pessoa percebe e constrói a cultura é importante para entender como a cultura transnacional veio a ser criada nas relações sociais modernas e especificamente no caso aqui em análise das famílias de TCKs. Desta maneira julgo ser importante discorrer mais sobre a teoria de Hannerz sobre os processos culturais e como eles acontecem.

Segundo Hannerz o processo cultural é um processo que acontece em um fluxo contínuo de inter-relações, que pode ser percebido externamente, através dos sentidos físicos, e também internamente, através da maneira como as pessoas interpretam e dão significado àquilo que percebem externamente. Portanto, cultura só pode ser percebida porque as pessoas dão sentido a ela, através da interpretação. Para expressar melhor seus conceitos, Hannerz usa o termo «fluxos culturais», que no seu entender tem uma ideia mais de transformação do que de transporte, como exemplo ele faz uso da metáfora do rio:

> «Talvez a imagem de fluxo seja um pouco incorrecta, na medida em que sugere um transporte desimpedido, ao invés da infinita problemática da ocorrência de transformação entre os loci internos e externos. Ainda assim penso que a metáfora do fluxo é útil – pelo menos para uma coisa, porque ela captura um dos paradoxos da cultura. Quando se vê um rio de longe, pode parecer uma linha azul (ou verde, ou marrom) através de uma paisagem, algo de permanência impressionante. Mas ao mesmo tempo, "não se pode pisar no mesmo rio duas vezes", pois está sempre em movimento, e só assim ele consegue a sua durabilidade. Da mesma forma acontece com a cultura - mesmo que se perceba a estrutura, ela é totalmente dependente de um processo contínuo.» (Hannerz 1992:4)

Para que este fluxo cultural aconteça, Hannerz indica três dimensões da cultura que precisam ser entendidas como inter-relacionadas. São as «ideias e modos de pensamento», as «formas de externalização» e as «formas de distribuição». Estas três dimensões envolvem a maneira como as pessoas percebem, externam e distribuem seus valores (Hannerz, 1992:7). De acordo com o autor as duas primeiras dimensões são muito estudadas pela antropologia pois indicam o modo como as pessoas percebem e externam seus valores, hábitos e sistemas de crenças, mas que a terceira dimensão cultural é pouco avaliada: o modo como a cultura é distribuída no sistema social[1]. A intenção de Hannerz é então, demonstrar que a percepção dos significados culturais é passada do indivíduo para o sistema social através dos «modelos distributivos da cultura», um termo que o autor emprestou de Schwartz, que indica que as pessoas contribuem para o fluxo cultural e à medida que as pessoas contribuem para este fluxo eles são construídos como indivíduos e como seres sociais. «Em um processo tanto acumulativo como interactivo, as pessoas fazem indicações um ao outro sobre quem são e sobre que tipo de outras pessoas existem em seu habitat, o que é devidamente conduzido e o que são seus alvos na vida e como relacionam-se com outros seres humanos em um mundo material» (Hannerz 1992:14)

Neste caso, o sistema social é o meio por onde a cultura é transmitida, através das pessoas e dos relacionamentos e ao mesmo tempo em que o sistema social transmite a cultura é também transformado por ela. A maior implicação para uma «distribuição do entendimento da cultura» (*distributive understanding of culture*) não é o entendimento de que todos têm diferenças, mas que as pessoas lidam com as diferenças de significados dos outros o tempo todo e respondem a estas

---

[1] Neste caso Hannerz estava referindo-se às duas últimas décadas do século XX.

diferenças[2]. Segundo Hannerz, a forma como as pessoas respondem aos significados feitos pelos outros pode ter diversas maneiras, pode-se ignorar, comentar, opor-se, ou mesmo aceitar o significado feito pelo outro e adquiri-lo para si (Hannerz 1992). A organização desta diversidade é o responsável pela produção de uma cultura complexa.

Apesar de ser uma questão de atribuição de significados, para Hannerz a estrutura social não é afetada somente por esta questão, pois ele entende que esta também envolve uma distribuição demográfica das pessoas, do poder e dos recursos materiais. A ideia de Hannerz então é distanciar-se do conceito de que aquilo que não seja cultural vai consequentemente resultar em diferenciação e conflito, ao mesmo tempo que a cultura compartilhada significaria consenso e hegemonia. Sua abordagem da «distribuição do entendimento da cultura» é «interacionista». Ele considera que a estrutura social é baseada na distinção cultural e na distribuição dos significados culturais que são feitos: «As pessoas moldam suas estruturas sociais e os significados que fazem em seus contatos uns com os outros e as sociedades e culturas são o resultado da acumulação e agregação destas atividades.» (Hannerz 1992:15).

Hannerz indica que mesmo numa sociedade de pequena escala onde as relações sociais acontecem face-a-face, compartilham o mesmo espaço e o mesmo tempo, a ideia de que haverá uma repetição das mesmas experiências e uma uniformidade cultural entre os membros da sociedade não é

---

[2] Neste ponto as ideias de Hannerz estão em conformidade com a teoria de Christina Toren sobre a formação da pessoa, mas por motivos que já expliquei anteriormente, discutirei este assunto mais detalhadamente no próximo capítulo desta dissertação.

plausível, pois as diferenças entre os indivíduos acontecem e as variáveis são infinitas. Para que os significados que as pessoas fazem se transformem em experiências compartilhadas e distribuídas nas estruturas sociais, e consequentemente formem a cultura, é preciso haver alguns «padrões de processos» que irão transformar as variações de experiências em processos culturais. Estes padrões de processo ocorrem em dois níveis analíticos, o primeiro seria o processo social institucional, das organizações sociais e o segundo nível seria o da administração cultural nos relacionamentos sociais. (Hannerz 1992).

3. A Organização e a Distribuição da Cultura no Contexto Global

Estes dois níveis de processos culturais, o processo institucional e a administração cultural nos relacionamentos sociais foram divididos por Hannerz em quatro estruturas organizacionais para uma melhor compreensão da forma como a cultura vem a ser distribuída no mundo. Farei uma rápida menção a estas estruturas organizacionais pois entendo que elas são importantes para explicar como a cultura é transmitida no mundo.

A «forma de vida» (*form of life*) seria a estrutura mais básica e que compreende as experiências do quotidiano e reprodução das atividades domésticas, de trabalho e de vizinhança. O «mercado» (*Market*) seria responsável pelo fluxo das mercadorias culturais, intelectuais, estéticas. O «Estado» (*State*) seria o responsável pela forma organizacional do processo cultural, sendo controlador do território e reconhecido a partir de um poder público. A estrutura dos «movimentos» (*Movement*), que Hannerz chama de «movimentos culturais», mas que normalmente são chamados de «movimentos sociais», são as «organizações para "conscientização", são tentativas para transformar os significados» (Hannerz 1992:49). Estas estruturas são recorrentes e se interrelacionam, combinando-se de diferentes maneiras no tempo e no espaço, sendo responsáveis pela movimentação dos fluxos culturais. (Hannerz 1992).

A importância destas estruturas para este trabalho está no fato de que elas explicam a construção dos processos culturais independente dos conceitos normalmente ligados às questões culturais como nações e políticas territoriais. Hannerz explica que nas ciências sociais e nos estudos culturais há uma tendência a se confundir os conceitos de Nação, Estado, sociedade e cultura, pois quando se fala em «sociedade» pensa-se logo nas unidades territoriais e políticas do Estado e quando se fala em cultura sempre se conecta a unidade à Nação em questão como em «cultura sueca», «cultura Romênia». Hannerz chama atenção para o fato de que os fluxos de significado organizados dentro das quatro estruturas acontecem dentro de limites territoriais, ou às vezes não, pois o espaço não é um fator importante na organização do processo cultural contemporâneo (Hannerz, 1992:51,52). Ele demonstra que as culturas podem ser construídas independente de territórios nacionais, pois são as organizações das estruturas (modo de vida, Estado, mercado e movimentos) que irão ser responsáveis por este processo de formação da cultura, independente da localização territorial onde isto irá acontecer[3].

As quatro estruturas organizacionais de Hannerz e sua consideração de que a organização da cultura não está ligada a territórios para acontecer encontram semelhanças nos argumentos de Arjun Appadurai sobre a organização global da cultura e da noção de desterritorialização. Este conceito de desterritorialização foi discutido amplamente nos anos 80 e 90 pelos autores que apresentavam esta ideia da transformação cultural através dos fluxos. Como um dos teóricos que escrevem sobre os fluxos culturais, Appadurai considera que estas rupturas criam as forças de desterritorialização do mundo moderno, levando uma grande quantidade de pessoas a movimentarem-se continuamente entre territórios, criando situações de identificação ou desligamento das pessoas em relação aos lugares e às ideologias territoriais. Esta desterritorialização, segundo Appadurai, é uma das forças centrais do mundo moderno porque movimenta as pessoas em territórios variados tanto politicamente quanto economicamente.

Explicando a complexidade das migrações em um mundo globalizado, Inda e Rosaldo indicam que uma característica dos processos de movimentações atuais é que os migrantes de hoje em dia não mais deixam a sua «terra» (*homeland*) completamente, mas criam e mantém as

---

[3] É importante apontar neste momento, que Hannerz está demonstrando com isso que a formação da cultura é dependente das relações sociais e não do território em si para ser formada, não é o caso, portanto, deste autor estar desconsiderando o papel do território na formação da identidade pessoal. Estarei desenvolvendo mais sobre este assunto no próximo capítulo quando tratarei da formação da pessoa.

relações sociais à distância, ligando suas vidas tanto no país que os recebem quanto em seu país de origem. Esta «ligação diaspórica» como eles chamam, permite que a pessoa possua uma ligação em dupla localidade (Inda e Rosaldo 2002:19). O resultado disto é que ao constituírem esta ligação dupla eles estendem sua comunidade além das fronteiras nacionais. Inda e Rosaldo consideram esta característica como sendo a de uma vida transnacional: «Eles são (pessoas) que pertencem simultaneamente a mais que um lar e portanto, a nenhum lar em particular. Eles são, em resumo, o fruto de várias interligações de nações e culturas» (Inda e Rosaldo 2002:20). A consequência disto é que o mundo tem visto um crescente aumento no número de pessoas que possuem uma «comunidade imaginada de pertença» que ultrapassa a questão da nacionalidade. Como resultado os autores verificam que na atualidade as identificações nacionais estão sendo enfraquecidas:

> «Nos dias de hoje, no entanto, os Estados-nação ocidentais não são mais capazes de adequadamente disciplinar e nacionalizar todos os sujeitos sob seu domínio. Eles não podem produzir sujeitos adequadamente nacionais - sujeitos definidos por uma residência em um território comum, com uma herança cultural comum, e uma lealdade a um governo comum.» (Inda e Rosaldo 2002:20)

As identificações das pessoas deixaram, então, de ser baseadas nas estruturas organizacionais dos Estados-Nação e de acordo com os autores, não há mais, por parte destas pessoas, uma preocupação em se identificarem como ingleses, escoceses ou indianos, pois o conceito tradicional da nacionalidade se perdeu diante da heterogeneidade cultural, principalmente nas grandes capitais mundiais. Isto não significa que há uma desestruturalização dos Estados Nacionais, mas uma mudança na forma como as pessoas se relacionam com a questão de cidadania e nacionalidade (Inda e Rosaldo 2002, Gupta 1992, Castles 2000a). Por este motivo, o papel do Estado na criação das ligações naturais entre pessoas e lugares não devem ser descartados, mas indicam uma necessidade de perceber que as pessoas possuem uma habilidade para alterar os espaços estabelecidos, quer seja por movimentação entre os espaços, quer seja por atos de re-imaginação de conceitos ou atos políticos (Gupta e Ferguson, 1992).

Embora Inda e Rosaldo estejam tratando da migração em geral quando apontam esta questão, ela também é válida para os expatriados, pois estes estão ainda mais ligados a um estilo de vida entre culturas. Assim como os migrantes citados por autores que estudam as migrações transnacionais, ao invés de formarem suas identidades enraizadas em lugares, os TCKs seguem esta tendência de construírem sua identificação baseados em relacionamento com grupos com os quais se identificam (Pollock e Reken 2009[1999]), formando as "comunidades imaginadas" conforme afirmam Gupta e Ferguson: Memória de lugares e comunidades que servem como âncoras simbólicas de comunidades para as pessoas que vivem na dispersão (Gupta e Ferguson 1992:11). Estas comunidades imaginadas não dizem respeito às redes de comunicação que se mantém através de tecnologias que ligam as pessoas e as mantém em contato, mas dizem respeito às maneiras como as pessoas constroem o significado dos espaços onde suas vidas sociais acontecem.

Esta construção de um espaço imaginado reflete na percepção que as pessoas que vivem neste contexto têm de que o mundo em que vivem não está determinado pelas fronteiras nacionais, pelo contrário atravessa estas fronteiras, indo além das questões consideradas como de nacionalidade.

Aplicando as considerações de Hannerz sobre as estruturas organizacionais às ideias destes autores, percebemos que a constante movimentação das pessoas entre territórios dá a elas as condições de se relacionarem e identificarem-se com forças políticas ou étnicas, criando novas formas de identificação com complexidades culturais que fogem à questão territorial. Citando as questões do negros e índios americanos, Featherstone demonstra como é possível para uma pessoa ter uma identificação ao mesmo tempo ligada a um conceito territorial e de etnia e ainda assim continuar a ser uma identificação cultural completa.

> «Há mais pessoas vivendo hoje no meio de culturas diferentes, ou na fronteira delas, as nações europeias, assim como as demais que anteriormente procuravam exigir um sólido e exclusivo senso de identidade nacional, precisam enfrentar a realidade de que são sociedades multiculturais (…) a percepção que temos das culturas nacionais vai se tornando mais complexa à medida que grupos distintos buscam libertar suas tradições nacionais e inventar novas tradições, ou declaram abertamente sua capacidade e seu direito de construir culturas sincréticas, híbridas ou mescladas, inconciliáveis sob uma só identidade integrada» (Featherstone 1995:14).

O que Featherstone salienta nesta passagem é que não há um determinismo territorial ou nacional na formação da identidade cultural de uma pessoa, mas que ela pode ter sua identidade cultural formada por diferentes características e mesmo assim continuar com uma integração pessoal. Não é o caso, portanto, de uma negação da nacionalidade da pessoa, mas uma separação entre nacionalidade e identidade pessoal. Neste sentido, os fluxos culturais são responsáveis pela formação da identidade mais que as questões territoriais.

4. As Culturas Transnacionais

Para Hannerz e Featherstone o surgimento das "Culturas Transnacionais", também chamadas de "Terceiras Culturas" só foi possível por causa da combinação entre as tecnologias existentes no mundo hoje e a forma como as relações sociais existem a partir das combinações das estruturas organizacionais da cultura. O processo de globalização permitiu uma grande mobilidade mundial em qualquer local, além de situações do mercado financeiro e do capitalismo que são responsáveis por um compartilhamento mundial de produtos assim como cultura e pessoas. Featherstone (1990) indica que a globalização foi responsável por uma grande mobilidade de profissionais competentes nas áreas financeiras, industriais, áreas de consumo e até mesmo nas áreas artísticas, como arquitetura, design e indústrias cinematográficas (Featherstone 1990). Hannerz considera que o movimento de pessoas tornou possíveis processos migratórios que não eram percebidos ou realmente não aconteciam anteriormente.

Hannerz apresenta o que ele chama de «fluxograma cultural global» para explicar que o processo cultural mundial possui uma organização diversificada que vai além da ideia da estrutura de centro-periferia que estamos acostumados. (Hannerz 1992:221). Através deste fluxograma ele explica que os processos culturais movimentam-se de um lado para outro, e não particularmente saem dos grandes centros para a periferia. Ele é contrário à ideia de que um "imperialismo cultural" das nações europeias influenciaram as formas de fluxo cultural, pois ele acredita que a maior parte do tráfico cultural no mundo se dá através de um fluxo transnacional e não internacional. Para ele quando se fala em influência americana ou mexicana ou francesa, há muitas variáveis a ser consideradas. Ele prefere olhar para os fluxos culturais como interrelações das quatro estruturas organizacionais do Estado, mercado, forma de vida e movimentos. (Hannerz 1992).

Estes fluxos culturais globais é que serão responsáveis pela movimentação da cultura pelo mundo, muitas vezes tecendo o caminho dos centros para as periferias, da periferia para o centro e também de periferia para periferia. Nestes meios, muitos locais passam a ser vistos como centros culturais sem estarem diretamente relacionados num processo político. Neste processo «muitas culturas nacionais têm seus centros fora do território do Estado» (Hannerz 1992:229), criando o que Hannerz chama de «Influência cultural transnacional» (*transnational cultural influences*): influência que acontece quando há uma concentração de estruturas institucionais particulares e ocupacionais, e grupos de pessoas que através de seus estilos de vida servem no cenário nacional como modelos culturais de metropolitanismo. São o *jet set* nacional, os profissionais e tecnocratas e os representantes dos centros globais (Hannerz 1992). Hannerz cita que o historiador James Field, em 1971 já identificava estas «novas tribos» que surgiram a partir destes relacionamentos de trabalhadores especializados e que faziam parte das relações sociais entre várias culturas (Hannerz 1990:243). É neste movimento frequente de pessoas e meios que surgem as Culturas Transnacionais, que segundo Hannerz podem ser compreendidas como:

«Estruturas de significado carregadas por redes sociais que não estão totalmente baseadas em um único território. As pessoas da cultura transnacional são os viajantes frequentes, pessoas que possuem uma base em um lugar mas estão rotineiramente envolvidas com outros em vários outros locais. Ninguém passa uma vida inteira – dificilmente um dia inteiro – totalmente imerso em uma cultura transnacional. Pelo contrário, estas pessoas combinam um envolvimento com uma cultura transnacional (ou possivelmente mais que uma) e uma ou mais culturas territoriais.» (Hannerz 1992:249)

Dentro deste contexto de "Cultura Transnacional", a mobilidade criada pelo fenómeno da globalização foi responsável pelo aparecimento de viajantes mundiais, que são aqueles que têm vivido em constante movimento: diplomatas, homens de negócio, burocratas, acadêmicos, todos trabalhadores altamente qualificados, com recursos à disposição. Para estas pessoas, a vida em constante mobilidade é parte central de sua existência. «São pessoas que podem fazer incursões rápidas a partir de uma base (*home base*) para muitos outros lugares (...), que podem mudar as suas bases repetidamente por longos períodos.» (Hannerz 1992:247). Estes, porém ainda não são aqueles que se encaixam no perfil dos TCKs.

Os TCKs são pessoas que estão inseridas no processo transnacional a partir do trabalho de seus pais. Estes pais são geralmente pessoas que estão inseridas no contexto transnacional devido ao trabalho que exercem e na maior parte dos casos, são pessoas enviadas para o exterior por agências ou órgãos governamentais ou mesmo por corporações empresariais ou sociais para desempenharem um trabalho específico. Ao findarem seu tempo de trabalho no exterior, estes geralmente voltam para seu país de origem. Como estes trabalhadores passam grande parte da sua vida a mudar constantemente de contexto cultural, suas experiências marcarão com profundidade sua maneira de experimentar e perceber os significados culturais por onde andarem. Segundo Hannerz:

> «Quando as pessoas levam sua "bagagem cultural" para outro lugar, suas perspectivas serão alteradas, temporariamente ou permanentemente, dependendo da maneira como eles serão inseridos em outra combinação de circunstâncias práticas e correntes de significados. Nesta estrutura de forma de vida há outras restrições e outras oportunidades, e o que uma pessoa pode observar nos outros em seu novo ambiente é diferente daquilo que existia em seu lugar de origem». (Hannerz 1992:248)

É preciso então separar os tipos de experiências que as pessoas têm com relação às movimentações que acontecem pelo mundo. Hannerz indica que há uma linha muito tênue que separa estes indivíduos que vivem um estilo de vida transnacional e todos aqueles que movimentam-se pelo mundo, como por exemplo os turistas, os imigrantes e os exilados. Ao compararmos as experiências vividas pelos TCKs, percebemos que o modo de vida que mais aproxima-se deste estilo de vida é o apresentado por Hannerz no conceito de «Expatriado»:

> «Expatriados (ou ex-expatriados) são pessoas que escolheram viver no estrangeiro por um período, e que sabem por quanto tempo ficarão ali e que podem ir para casa quando desejarem. Não que todos os expatriados vivam um modelo de Cosmopolitismo (…) mas estas são pessoas que permitem-se experimentar, mas que não perdem um precioso, mas ameaçado, sentido de desenraizamento de si mesmo. Normalmente pensamos neles como pessoas de meios independentes (até mesmo modestos), para quem a abertura de novas experiências é uma vocação, ou pessoas que podem

levar seu trabalho para qualquer lugar. (...) O expatriado contemporâneo é provavelmente um homem que trabalha para alguma organização». (Hannerz 1990:243)

Esta conceitualização de Hannerz permite que uma grande variedade de pessoas possa se encaixar no perfil de expatriados. Estes expatriados são portanto trabalhadores especializados que vivem um estilo de vida transnacional. São trabalhadores que não encaixam-se no conceito de migrantes, pois não vêem-se obrigados a saírem de seus países a procura de uma vida melhor. São muitas vezes ligados a agências governamentais, como os militares ou diplomatas, que servirão a seu país em um contexto transnacional por um determinado tempo e têm a consciência de que poderão voltar para casa quando desejarem, muitas vezes podem ser os missionários que trabalham em contextos transnacionais e que são apoiados ou não por agências missionárias em seus países de origem.

Para aqueles que estão inseridos neste meio da cultura transnacional, Hannerz indica que há vários níveis de participação nesta cultura. Há aqueles que procuram viver dentro dos nichos sociais de sua própria cultura de origem e que não se envolvem com pessoas do país onde reside, há aqueles que buscam um certo contato com os «locais», e há aqueles que aproveitam-se da experiência transnacional para se transformarem em Cosmopolitas. O sentido de Cosmopolita que Hannerz utiliza é o que possui «uma vontade de interagir com o Outro, uma postura estética e intelectual de abertura para experiências culturais divergentes» (Hannerz 1992:252). Nos termos apresentado por Hannerz, o cosmopolita é uma pessoa que vai decidir o grau de seu envolvimento com o Outro. Uma pessoa pode ser mais ou menos Cosmopolita e a pessoa pode buscar na cultura somente aquilo que é interessante para si. O cosmopolita, segundo Hannerz, «constrói sua perspectiva própria e única de uma coleção idiossincrática de experiências», ele não negocia com a cultura, mas aceita o «pacote inteiro» da cultura onde se insere e quanto à sua cultura de origem, ele pode escolher se separar dela, «ele possui a cultura, esta não o possui» (Hannerz 1992:253).

É com relação ao cosmopolitismo que Hannerz tratará da questão do lar (*home*)[4]. Para este autor, o cosmopolita é aquele que consegue fazer de qualquer lugar a sua casa, ou pelo contrário, não irá se sentir em casa em nenhum lugar. Hannerz indica que há a possibilidade de a perspectiva da pessoa ser irreversivelmente afetada por esta experiência de viver entre os diferentes e o distante, fazendo com que qualquer ritual do quotidiano seja absolutamente natural. O lar do cosmopolita, segundo Hannerz, pode ser um lugar físico onde ele se sente bem ou pode ser uma «nostalgia», uma lembrança de um passado, uma coleção de rostos familiares. Entretanto, o cosmopolita sempre será visto pelos locais como alguém «um pouco incomum», «um de nós e ainda assim, não completamente um de nós» (Hannerz 1992:254)

Esta conceituação do cosmopolita de Hannerz nos remete às questões apresentadas no primeiro capítulo sobre os

---

[4] Também é importante citar que quando uso a palavra *Home*, considero o sentido feito por muitos cientistas sociais e que Hazel Easthope conseguiu descrever da seguinte maneira: «*A person's home is usually understood to be situated in space (and time), it's not the physical structure of a house or the natural and built environment of a neighbourhood or region that is understood to make a home. While homes may be located, it is not the location that is "home". Instead, homes can be understood as "places" that hold considerable social, psychological and emotive meaning for individuals and for groups.*» (Easthope 2004:135)

TCKs. Ao apresentar as formulações teóricas destes autores tentei demonstrar como a globalização foi importante na movimentação das pessoas entre territórios e na forma como estas movimentações através das situações políticas e econômicas levou à existência destes estilos de vida transnacionais que deram forma a esta "Cultura Transnacional". Os *Third Culture Kids* são jovens que, por causa do trabalho de seus pais, estão envolvidos neste processo e durante os anos de seu desenvolvimento vão experimentar estas diversidades culturais enquanto formam a si mesmos como pessoas, enquanto formam suas identidades.

Hannerz não faz distinção entre aqueles que entraram neste estilo de vida transnacional como adultos e aqueles que cresceram e se desenvolveram dentro deste ambiente e formaram sua identidade a partir de um contexto transnacional. Penso que é importante procurar entender as distinções que existirem entre estas pessoas e é por isto que no próximo capítulo estarei tratando das questões da formação da pessoa e procurando apresentar os debates teóricos que melhor explicitam como a formação da identidade pessoal pode via a ser compreendia neste contexto do transnacionalismo.

A FORMAÇÃO DA PESSOA: IDENTIDADE E PERTENÇA

No capítulo anterior apresentei uma reflexão teórica que penso ser relevante para o estudo da "cultura transnacional" em que os TCKs estão inseridos. Neste capítulo pretendo apresentar brevemente duas das questões apresentadas pelos autores que tratam do assunto de TCKs – especificamente a questão da identidade e pertença – primeiramente apresentando a teoria de Christina Toren sobre a formação da pessoa e como esta teoria pode ser complementar aos estudos de Giddens e Hannerz sobre a formação da identidade na modernidade tardia. Em seguida, apresento os conceitos de identidade e pertença aliados aos estudos da territorialidade de autores das Ciências Sociais, apresentando o enquadramento tradicional que alguns teóricos têm sobre este assunto e apresentando como esta questão tem sido tratada na contemporaneidade. Mas antes de passar a analisar as abordagens sobre estes dois assuntos, penso que será útil fazer algumas observações sobre o processo em que se deu este debate durante a pesquisa.

Os estudos sobre identidade e pertença nas Ciências Sociais não são novidade e têm sido desenvolvidos acompanhando as mudanças que são percebidas pelos teóricos na contemporaneidade. Ao buscar os estudos sobre identidade e pertença relacionados com o transnacionalismo, me concentrei nos autores que seguem a linha que considera a tendência da modernização e globalização mundial como responsável pela criação de uma cultura transnacional, onde estão inseridos os TCKs. Algumas das literaturas sobre identidade e pertença que foram produzidas nos finais do século XX tratam do assunto sob dois pontos de vista: o primeiro é o que trata da formação da identidade a partir das condições da modernidade tardia que levam a um construção de uma identidade fragmentada e auto-reflexiva, que é o ponto de vista de autores como Stuart Hall e Anthony Giddens entre outros. O segundo é tratado do ponto de vista da questão da territorialidade e das mudanças na compreensão da espacialidade que levaram a discussões sobre o sentimento de pertença do indivíduo a partir do ponto de vista da nacionalidade, que são comentados por autores como Gupta e Appadurai entre outros.

Estes dois pontos de vista são importantes para a compreensão da formação da identidade dos TCKs porque inserem-se no contexto transnacional que é o contexto dos TCKs. Contudo, poucos foram os estudos sobre transnacionalismo que dão conta da realidade específica dos TCKs. Parte da dificuldade em encontrar estudos sobre TCKs na antropologia e na sociologia está no fato de que neste meio os estudos sobre transnacionalismo que encontramos são geralmente estudos sobre segunda geração de migrantes ou exilados, num contexto de transnacionalismo que está ligado aos trabalhos de autores que se concentram em relacionar os contextos de migração em duas localidades, sendo este muito diferente do contexto dos TCKs, que passam os seus anos de desenvolvimento entre várias culturas. Nestas circunstâncias, transnacionalismo é visto como parte da experiência de migrantes modernos que têm suas vidas relacionadas com múltiplas nações e nos laços que formam entre si a partir desta realidade.

Quando comparo o caso dos TCKs e os estudos sobre identidade e transnacionalismo posso ver que há algumas semelhanças, mas também há muitas diferenças a serem consideradas. Como muitos dos trabalhos sobre a formação da identidade em contextos transnacionais englobam os casos de migrantes e seus filhos e a adaptação entre um lugar de origem e um novo país, a maior parte dos problemas enfrentados pelos filhos de migrantes ao tentarem se adaptar a estes dois mundos são os mesmos problemas enfrentados pelos TCKs, mas não se pode considerar como sendo uma experiência semelhante, pois os TCKs não têm que se adaptar somente a um novo país, mas a um novo país a cada dois ou três anos, e a estilos de comportamento e valores diferentes dos de sua origem em cada uma destas experiências. Além disso, os migrantes e exilados mais frequentemente estudados nesta área de investigação não dispõem das facilidades socioeconómicas que os TCKs dispõem por terem seus pais a trabalharem muitas vezes em cargos com altas remunerações. Esta situação socioeconômica dá-lhes a oportunidade de experimentar um estilo de vida melhor. Tendo todas estas considerações em mente, foi possível localizar alguma literatura pertinente para estas reflexões em contextos variados dentro das Ciências Sociais. Desta maneira, tentei abordar as questões sobre identidade e pertença de forma a enquadrar as questões que são ao mesmo tempo comuns a todos aqueles que vivem em movimento, mas também apresento os pontos de vista de outros autores que lidam com este assunto dentro de um contexto mais específico que é o caso do contexto de vida dos TCKs.

2. O Processo Autopoiético de Formação da Pesssoa

Tradicionalmente a questão da identidade pessoal sempre foi de interesse da antropologia e desde muito cedo autores se interessaram pelo assunto da formação da pessoa. Nomes como o de Marcel Mauss estarão sempre ligados aos estudos sobre o conceito de pessoa, sendo um dos primeiros antropólogos a estudar sobre o assunto e a considerar a pessoa como «uma substância racional, indivisível e individual» (Mauss 1938:20). O fenómeno da globalização modificou não somente a forma como as relações sociais são conduzidas mas também modificou a forma como a identidade pessoal passou a ser construída. Para entender o processo de formação da identidade pessoal passo a apresentar as reflexões teóricas de Christina Toren sobre a formação da pessoa. O contributo de Toren é importante para este trabalho porque considero suas colocações sobre a formação da pessoa como uma complementação das reflexões de autores como Anthony Giddens e Ulf Hannerz sobre a formação da identidade e da cultura na atualidade.

O trabalho desenvolvido por Christina Toren consiste em compreender o processo de formação da pessoa como um processo histórico, social, biológico e psicológico. Toren propõe que o corpo e mente, biológico e cultural, material e ideal são aspectos um do outro, ao invés de fenómenos relacionados dialeticamente. Como «relações dialéticas», Toren considera que estas seriam «supostas resoluções que sugerem uma interação recíproca entre biologia e cultura, indivíduo e sociedade, corpo e mente» mas sem lugar para transformações «exceto como função de um encontro com forças externas». Sua análise está em que estas ideias encontram forças na suposição de que se biologicamente, todos os seres humanos são iguais, então o que os fazem diferentes seria de domínio externo da cultura. Sua conclusão então é a de que «considerados como entidades biológicas, cada um de nós é um indivíduo, o que significa que deve existir uma outra força – sociedade – que nos une. E porque parece que a mente está no domínio da cultura esta pode ser, em teoria, abstraída dos corpos de tal maneira que mente e corpo são analisados como se fossem entidades separadas, em relação dialética um com o outro» (Toren 1999:4), Toren porém, é contra esta ideia de uma relação dialética.

Sua teoria é a de que as pessoas tornam-se em quem são através de um processo de autopoieses, que ela explica como sendo a auto-produção, auto-criação da pessoa. O conceito de autopoieses de Toren baseia-se nos estudos de Humberto Maturana e Francisco Varela e seu pensamento é o de que cada pessoa constrói a si mesmo através de sua vida, mesmo que em relações com outras pessoas num processo de construção que é único e diferenciado. Desta maneira, Toren percebe que este processo de tornar-se uma pessoa não pode ser entendido pela socialização, e sim pela autopoiese e ontogênese. No curso de uma vida, a pessoa entra em relacionamentos vários e com isto ela passa a entender o mundo (adquire conhecimento) de acordo com sua experiência. Toren explica que este processo de entendimento do mundo é o aspecto psicológico da autopoiese humana, é uma função humana que é independente da consciência da pessoa (Toren 1999:8).

Ao buscar em Piaget a referência para estas conclusões, Toren explica que as crianças iniciam sua vida com apenas alguns comportamentos reflexos e as estruturas psicológicas diferenciais que governam estes comportamentos, que vão ser diferenciados através do funcionamento. Para esta autora alguns fatores no aprendizado levam as pessoas a não só a assimilar e repetir os processos na aprendizagem, mas na reprodução novos objetos podem ser incorporados ao aprendizado, fazendo com que a reprodução torne-se em um esquema de assimilação. Então, de acordo com Toren, a assimilação – como processo comum a todas as formas de vida – é a fonte das relações contínuas, das conexões funcionais, «assimilação é o aspecto funcional da formação estrutural que intervém em cada caso particular da atividade construtiva e que mais cedo ou mais tarde levará a uma mútua assimilação das estruturas uns dos outros, estabelecendo conexões inter-estruturais ainda mais íntimas» (Toren 1999:10).

Para Toren este modelo será melhor ajustado a uma abordagem antropológica da pessoa se incluir o conceito da intersubjetividade, pois segundo Toren, a intersubjetividade acrescenta a este modelo um significado não só do que uma pessoa faz do mundo, mas o significado já feito por outros. Ao incorporar a intersubjetividade no modo como as pessoas formam seus significados, as pessoas estão incorporando o significado já feito por outros antes dela (Toren 1999).

Toren, refletindo nos estudos de Merleau-Ponty, considera que esta transformação não é algo externo, mas interno, não é «uma pressão do ambiente», pois ela considera que as transformações ocorrem primeiramente na mente das pessoas e esta é constituída ao longo do tempo nas relações intersubjetivas com os outros. (Toren 1999:11). Seguindo nesta linha de pensamento, estas relações entre as pessoas necessita primeiramente de uma auto-consciência de si mesmo no mundo, mas como toda experiência vivida já é experimentada em um mundo já pronto – numa relação social com os outros – aponta para uma ideia de intencionalidade, e segundo Toren, esta é a ideia de Merleau-Ponty de intencionalidade, ou seja, «intencionalidade denota um modo de "estar no mundo" que no caso dos humanos, está na sua natureza histórica porque o ser humano estando-no-mundo significa a consciência não somente de viver no mundo, mas especificamente de refletir a si mesmo no mundo.» (Toren 1999:14). A ideia da intencionalidade de Merleau-Ponty é acrescenta à teoria de Toren porque afirma que a consciência é um fenómeno material e aquilo que é tomado por garantido (sistema de crença ou modelo cultural) é trazido pela experiência vivida do mundo e de nós mesmos: «é porque o mundo é o que eu vivi que podemos afirmar com confiança a realidade da nossa própria experiência e entender que os outros também podem experimentar o mundo como nós fazemos». (Toren 1999:15). Mas apesar de ser uma pessoa a construir sua história, é preciso lembrar que o ser humano ainda é um ser social e portanto, as relações com os outros são cruciais para o processo autopoiético humano.

> «Uma vez fora do útero, o recém-nascido continua no processo de auto-produção, mas este processo depende de outros seres humanos, das pessoas que irão alimentá-lo e cuidar da criança. Na verdade, ser humano, mesmo no abstrato, necessariamente implica em relações com outros seres humanos, porque não podemos entender como humano, um humano fora de relações sociais. Desta maneira, a autopoieses humana é um processe social herdado – um que

reside numa intersubjetividade fundamental.» (Toren 2002: 188)

Esta intersubjetividade é vista por Toren como algo primordial na condição humana. O entendimento mútuo é suficiente quando reconhecemos a nós mesmos como seres humanos. Ao nos vermos como seres humanos nos aproximamos do outro e não podemos deixar de conectar outros no processo de nos tornarmos quem somos. Os seres humanos, como tal, possuem emoções e condições que são compartilhadas e reconhecíveis e que os unem. «Nós literalmente incorporamos nossa história, que é a história de nossas relações com todos aqueles que encontramos nas nossas vidas. E através deles nós vamos ao encontro da história deles também, e não só a deles, mas as histórias de todos os outros que eles encontraram.» (Toren 1999:2) Para Toren, as relações que temos desde nosso nascimento com família, amigos, conhecidos, através da mídia e das instituições têm informado (e formado) o nosso processo de ser.

Contrariando as ideias clássicas sobre socialização que sempre estiveram presentes nas ciências sociais, esta teoria pode ser considerada em oposição à ideia de que as crianças simplesmente tornam-se aquilo que seus pais já são, ao adquirirem os sentidos que os adultos já fizeram antes deles. Segundo Toren as teorias da socialização são a-históricas e já foi demonstrado que as crianças não adquirem simplesmente os conhecimentos passados a elas, mas que os processos através dos quais elas se tornam adultas são fundamentalmente abertos (Toren 1999). A pessoa se torna como um «agente ativo», como coloca Viegas (2007) «um ser-no-mundo consciente e dependente dos outros para fazer sentido sobre si próprio».

A proposta de Toren é que o ser humano deve ser pensado como um «modelo unificado» (*unified model*) (Toren 2011:3), mas não no sentido do modelo unificado como de Mauss. Neste modelo unificado, Toren descreve o ser humano, não como um «dispositivo de processar informações», e que portanto, reproduziria os modelos sociais através das gerações, mas «nossa singularidade em cada caso é percebida no fato que cada um de nós tem uma história pessoal que faz de nós quem somos» (Toren 2011:4). Quando alguém apercebe-se de algo que outro já tinha notado, essa percepção se torna nova, introduzindo diferenças sutis ou muito originais. Esta perspectiva é histórica porque permite uma análise para acomodar a natureza material das relações sociais e lidar com a continuidade e mudança. Toren propõe a ideia do indivíduo como uma pessoa particular, com uma história particular que age sobre sua própria história e a partir da sua ação sobre outros e dos outros sobre ele. «Durante toda nossa vida, nosso envolvimento ativo no mundo das pessoas e coisas efetua uma diferenciação continuada dos processos através dos quais sabemos o que sabemos. Os processos da mente são sujeitos tanto às mudanças quanto a continuidade» (Toren, 2011:6).

Deste modo, quando vemos as ponderações de Toren e aplicamos aos TCKs percebemos que as pessoas irão formar suas identidades pessoais em processos que incluam tanto padrões culturais constantes como irão ser formadas como pessoas em ambientes culturais diferenciados. Embora Christina Toren não trate do assunto da formação da pessoa a partir de uma referência direta com a globalização, podemos perceber que suas considerações não estão em oposição com os autores que partem da globalização para estudarem a questão da formação da identidade. Toren compreende que a formação da pessoa se dá em um processo relacional e intersubjetivo e que as pessoas são construídas durante toda a vida neste processo com o outro. A identidade pessoal irá sempre estar em um processo de construção, podendo ser construída em contextos variados, formando pessoas singulares.

2. Identidade: Do sujeito Unificado ao Sujeito Fragmentado

Após refletir sobre a formação da pessoa diante do contributo de Toren, devemos ter em mente que tradicionalmente a formação da pessoa passa pelo entendimento que o indivíduo irá ser socializado dentro de um contexto fixo, tanto localmente quanto culturalmente. Entretanto como já foi visto, esta não é uma realidade para as pessoas que crescem em um contexto transnacional. Devemos então olhar para o processo de formação da pessoa de uma maneira a incluir estas características particulares na formação de sua identidade pessoal. É desta maneira que as teorias de Giddens e Hannerz encontram-se mais uma vez para uma reflexão sobre a forma como uma pessoa constrói sua identidade. Quando observadas em conjunto é possível verificar muitas similaridades entre a teoria de Toren e as ideias de Giddens e Hannerz sobre a formação da identidade, por isto considero estes três autores como complementares para explicar o processo de formação da pessoa neste contexto de alta mobilidade.

O que nos interessa na teoria de Giddens sobre o indivíduo da modernidade tardia é que em sua percepção, a busca da identidade pessoal é um problema moderno. Ele indica que não existe mais o pensamento de que a pessoa tem um caráter único e por isso Giddens indica que o sujeito da modernidade tardia, que ele identifica como *self* tornou-se em um projeto reflexivo que deve «ser explorado e construído como parte de um processo reflexivo de ligação entre a mudança pessoal e a mudança social» (Giddens 1994:29). Para este autor, o indivíduo irá refletir sobre si mesmo e ao mesmo tempo irá construir a sociedade onde está inserido a partir de suas reflexões pessoais. Ele explica que neste contexto a identidade estará conectada com as escolhas que o indivíduo pode fazer, ao contrário do que acontecia antes, quando a tradição ordenava a vida quotidiana, recriando hábitos para os indivíduos. Na modernidade tardia as escolhas determinam os indivíduos e os levam a estilos de vida diferenciados. Neste contexto que Giddens aponta, a pessoa adota a identidade que melhor satisfaça sua narrativa pessoal a partir das relações sociais que esta pessoa irá experimentar. Sendo assim, as pessoas vivem em ambientes de relações sociais que são mais segmentados e diversos, as crenças e as autoridades e até mesmo a ciência são postas em causa diante de tanta diversidade e relatividade, criando uma «dúvida metodológica» que irá influenciar as escolhas que os indivíduos fazem e consequentemente sobre que tipos de vida querem viver (Giddens 1994:75).

Neste sentido as ideias de Giddens são similares às de Hannerz, que indica que todas as pessoas «gerenciam os significados» a partir de onde se encontram nas estruturas sociais. O indivíduo experimentará e se envolverá nos significados que as pessoas fazem, embora não seja apenas recipientes passivos dos significados que estão ao seu redor, responde constantemente aos significados que são feitos pelos outros de diversas maneiras, podendo ignorar, comentar, opor-se, ou aceitar o significado feito pelo outro e adquiri-lo para si (Hannerz 1992). Neste ponto, Hannerz faz uma consideração parecida com a de Toren sobre o experimentar das circunstâncias, e como as pessoas respondem aos significados que os outros fazem de si mesmo.

Como em um contexto transnacional os contextos sociais mudam constantemente, este gerenciamento dos significados irá acontecer constantemente, fazendo do processo reflexivo do indivíduo uma forma constante de mudanças. De acordo com Hannerz as pessoas estão cercadas por um fluxo de significados externos, culturalmente moldados que influenciam suas experiências e intenções. Ele não indica porém que as pessoas são meros recipientes passivos dos significados ao redor, mas que ele forma uma concepção própria do mundo, «ele está ativamente envolvido em lidar praticamente, intelectualmente e emocionalmente com sua situação particular» (Hannerz 1992:65).

A estrutura social é importante neste processo porque de acordo com Hannerz, os significados feitos pelas pessoas vai depender das funções ou papéis (*role*) que as pessoas estarão desenvolvendo, numa variável que passa pela questão de gênero, idade, ou etnicidade, fazendo com que o indivíduo final seja construído a partir da junção do repertório de todos os papéis em sua vida, numa construção de uma perspectiva acumulada através das experiências prévias, formando uma «estrutura biográfica» (Hannerz 1992:66). Novamente o discurso de Hannerz lembra a «história de vida» discutida por Toren.

Desta forma Hannerz explica que hoje em dia há pessoas que constroem suas perspectivas de fontes mais distantes de sua própria localidade, formando «redes de perspectivas». Hannerz não está tratando aqui da importância que o local tem para a construção da identidade, mas das várias maneiras que uma pessoa tem para relacionar as perspectivas que farão parte de seu processo cultural. Para Hannerz esta construção não está alienada da questão cultural, pois o indivíduo é construído dentro de um processo cultural ao mesmo tempo que constrói este processo. É desta forma que pode-se compreender a formação de uma cultura transnacional, pois os indivíduos que vivem este estilo de vida estarão sempre formando suas perspectivas em um ambiente onde outras perspectivas diferentes foram formadas anteriormente e onde os papéis sociais são essencialmente parecidos, como é o caso dos expatriados. Hannerz indica que:

> «À medida que as redes de perspectivas vão sendo formadas, há uma tendência a focalizar a atenção na "cultura" como um marcador de grupos. Na "política de identidade", nos debates sobre o multiculturalismo, em muitos contextos de "estudos culturais", o termo se tem tornado basicamente um fundamento para a formação e a mobilização de grupos, geralmente implicando pertencimentos atribuídos.» (Hannerz 1992:16).

Hannerz usa esta passagem para mostrar como a identidade cultural pode levar ao reforço das diferenças sociais e à criação de exclusões sociais, mas ao mesmo tempo, quando analisamos esta questão pensando nos grupos formados pela «Terceira Cultura» podemos verificar a forma como estes grupos identificam-se e criam uma forma de expressar o sentimento de pertença dentro do grupo.

Portanto, o que fica claro nestas colocações de Giddens e de Hannerz é que a identidade pessoal não deve ser vista como algo fixo e duradouro que existirá como parte de uma identidade cultural homogênea e nacional, mas ela é construída em um processo de relacionamento entre as pessoas que se encontram participantes de um mesmo processo cultural, a partir de diversos valores existentes neste meio social, ao mesmo tempo o processo cultural será o resultado da reflexão que estas pessoas farão de si mesmas e dos outros, num processo complexo mas contínuo de inter-relacionamento.

Estes três autores demonstram, portanto, que o processo de formação da pessoa é um processo único e diferenciado e que os relacionamentos que as pessoas constroem durante suas vidas serão parte importante desta construção. No caso dos jovens que vivem em constante mobilidade transnacional o que podemos perceber a partir destas teorias, é que sua identidade será formada neste meio cultural variado e esta realidade fará a diferença na formação da identidade pessoal destes jovens. A forma como a identidade pessoal é construída, portanto, está relacionada tanto com a história pessoal de cada um como também com o ambiente em que esta pessoa vive, numa relação de mutualidade que não pode ser separada. Os autores que escrevem sobre transnacionalismo e identidade nas Ciências Sociais, tratam principalmente destas questões da localidade e a seguir apresento algumas considerações sobre este aspecto.

3. O aspecto da localidade na formação da identidade pessoal.

A partir das considerações teóricas dos autores apresentados, foi possível perceber como a formação da pessoa pode ser considerada como um processo de construção que envolve não somente a construção da identidade pessoal a partir de um processo autopoiético como também é um processo que depende das relações sociais que fazem parte da vida da pessoa. Em um contexto transnacional, como é o caso dos TCKs, estas relações sociais se formam em comunidades que estão em constante mudança. Como estas constantes mudanças vão afetar a construção da identidade destes jovens é uma parte importante deste processo, e por isso apresento a seguir algumas reflexões sobre o processo de construção da identidade a partir da localidade. Como já mencionei anteriormente, alguns autores que escrevem sobre as movimentações transnacionais o fazem do ponto de vista de imigrantes e exilados, e são poucos os que estudam este assunto sob o ponto de vista dos TCKs, mas procurei também buscar os contributos de alguns autores que escrevem mais especificamente sobre os expatriados que vivem em intensa mobilidade transnacional.

O sentimento de pertença e identidade sempre esteve ligado ao conceito de que um grupo de pessoas que vivem em um determinado território compartilha uma determinada cultura, criando uma identidade cultural que estará sempre relacionada com o espaço físico e com a pertença a este espaço, levando a uma expectativa de que a cultura está enraizada em um território, criando assim os termos que são tão comuns à nossa realidade como "cultura americana", "cultura indiana" (Inda e Rosaldo 2002, Gupta e Ferguson 1992). Nestes contextos o território nacional seria considerado como o espaço onde as memórias e as organizações sociais são inscritas e as identidades são formadas, e como estariam ligadas à noção de uma cultura nacional, a identidade pessoal estaria ligada de maneira intrínseca à questão da identidade nacional.

Este pensamento foi por muito tempo predominante nos meios acadêmicos e a antropóloga Liisa Malkki (1992) escreve sobre a razão desta predominância quando estuda sobre a relação que é feita entre a territorialidade e a identidade pessoal. Escrevendo sobre este assunto em uma época de grande interesse pela questão de identidade, esta autora considera que o conceito metafórico do "enraizamento" das pessoas é um conceito que precisa ser revisto na antropologia e precisa ser «desnaturalizado». Em sua análise sobre o assunto, Malkki considera que há um entendimento geral que é refletido nos discursos sobre nacionalismo que a identidade de uma pessoa está *naturalmente* conectada com o território. Segundo a autora, o termo "nação" pode tanto significar o "país", como a "terra" e o "solo". A autora procura demonstrar através de uma breve análise que a territorialização é um conceito expresso até mesmo na língua (inglesa) – com o uso dos sufixo em inglês *land* estando conectado com o sentimento de pertença coletiva como em *homeland*, e também nos nomes de países: *England, Switzerland, Thailand*, ou designação de povos e culturas: *Nuerland, Basutoland, Nyasaland*» (Malkki 1992:26). Além disso, Malkki explica que a naturalização da ligação entre pessoas e lugares é concebida especificamente em metáforas botânicas, com as pessoas a considerarem que sua identidade deriva de um enraizamento naquele lugar. Malkki explica que as metáforas sobre parentesco e lar também são territoriais, pois elas procuram denotar uma ligação natural entre «a mãe-terra» (*Motherland*) e o indivíduo:

> « *Motherland* e *Fatherland*, à parte de qualquer outra conotação histórica, sugere que cada nação é uma grande árvore genealógica, enraizada no solo que a alimenta. Por

implicação, é impossível pertencer a mais que uma árvore. Esta árvore evoca tanto uma continuidade temporal da essência e o enraizamento territorial» (Malkki 1992:28).

Como consequência desta territorialização, criou-se uma naturalização do "nativo" e o «encarceramento» das pessoas nos lugares. Segundo Malkki, este encarceramento foi por muito tempo uma virtude romantizada e heroicizada, valorizando as raízes, uma visão que ainda persiste nos discursos hegemônicos da sociedade: a normalidade é possuir "raízes". Malkki ainda explica que a prática social e a linguagem refletem esta naturalização da relação que as pessoas têm com o lugar, criando um «sedentarismo peculiar» que irá territorializar nossa identidade. A consequência disto, segundo a autora, é que qualquer deslocação de território é vista como uma patologia.

Embora a autora esteja a escrever no contexto dos refugiados e faça esta análise tomando como exemplo este problema social específico, não podemos deixar de perceber que o discurso hegemônico da fixação territorial não é exclusivo nos casos relacionados com os exilados. Basta um olhar para as problemáticas levantadas pelos autores que escrevem sobre TCKs que é possível ver esta mesma situação sendo experimentada por estas pessoas que vivem em contexto de mobilidade. O próprio fato de que grande parte dos autores que escrevem sobre TCKs estejam a escrever sob o ponto de vista psicológico – no sentido de ajudar o ajustamento destes jovens aos contextos culturais variados – faz-nos concordar com Malkki quando diz que «nossa suposição sedentarista em relação a ligação com o território leva-nos a definir o deslocamento não como um fato de contexto socio-político, mas uma condição interior e patológica do deslocamento» (Malkki 1992:33). Fica claro então, que a visão normalizada pela sociedade é de que o "correto" é ser fixo e possuir "raízes", enquanto a movimentação passa a ser vista pela sociedade como o fator desviante.

Magadalena Nowicka também critica a noção nas teorias sociais, de que a mobilidade virtual e física e a territorialidade devem ser colocadas em lados opostos, como se fossem excludentes: «a inserção no espaço tem sido associada com a fixação territorial e a mobilidade com a falta de fixação» (Nowicka 2006:18). Esta autora considera que é importante perceber que por causa da globalização as relações espaciais são particularmente transformadas. Nas últimas duas décadas, segundo Nowicka, um esforço tem sido feito para buscar um entendimento que seja capaz de resolver este dualismo entre o local e o global. Um destes esforços apontados por Nowicka tem sido o rompimento da «ortodoxia territorial» que requer uma redefinição dos limites e «um abandono das categorias e escalas local-regional e nacional-global» (Nowicka 2006). Isto implicaria, segundo Nowicka, de novas formas de analisar as ordens socio-espaciais e de transformações dos limites (territoriais), sem que isto signifique o desaparecimento destes.

Para Nowicka é preciso entender que houve uma mudança na forma como as pessoas passam a perceber os espaços, houve uma mudança de «um nacionalismo metodológico para uma metodologia cosmopolita» (Nowicka 2006:22), ou seja, o «nacionalismo metodológico» envolve um entendimento de que a cultura é definida pelo território, levando à falsa ideia da «uniformidade universal» (*universal sameness*). Já a «metodologia cosmopolita» é uma perspectiva que permite que se vá além da visão dos espaços fragmentados em Estados-Nação e da fixação territorial da cultura e das pessoas. Nowicka ainda afirma que este não é o caso de oposição à territorialidade, ao controlo territorial, mas que as relações espaciais são transformadas. Segundo Nowicka, a associação do território, cultura e identidade tem levado à consideração que pessoas que vivem em mobilidade são pessoas «desenraizadas» e «deslocadas» (Nowicka 2006), ponto que a autora discorda. Nowicka considera que a força que a identificação com o lugar tem sobre as pessoas é responsável por uma profunda pressuposição dos limites territoriais sobre a identidade cultural das pessoas.

Easthope (2009) considera que é preciso tomar cuidado com os estudos que consideram que a localidade não possui nenhuma relevância para a construção da identidade. Em seus estudos sobre jovens tasmânios retornados, a autora considera possível entender a identidade em termos de lugar e mobilidade simultaneamente. Para esta autora, as pessoas podem ter suas identidades impactadas tanto pela mobilidade quanto pela ligação com o lugar simultaneamente, significando que estes dois modos de entendimento da construção da identidade não são exclusivos. Esta autora explica que o lugar (*place*)[5] não existe sem o corpo físico da pessoa, pois o ser humano sempre terá algum tipo de ligação com o mundo físico através do corpo. Apesar de notar que autores como Giddens não contradizem esta colocação, esta autora considera que a diminuição da importância do lugar por alguns autores, podem levar ao

---

[5] Hazel Easthope considera neste texto que *place* não tem o mesmo sentido de *space*, pois o *space* pode existir independentemente das pessoas, mas que *place* é uma construção sociológica.

pensamento incorreto de que a ligação ao lugar perdeu a importância na formação da identidade, o que ela discorda: «apego ao lugar deve existir de alguma forma e deve impactar nossas identidades, desde que existimos como seres com corpos.» (Easthope 2009:66). Easthope explica que é através do nosso corpo que experimentamos o mundo ao nosso redor, portanto o lugar não pode ser algo experimentado apenas subjetivamente, mas é influenciado por realidades físicas, econômicas e sociais. Neste sentido a identidade é ligada ao lugar por duas formas: pela ligação com o lar (*home*) – onde existe um forte sentimento de pertença; e através dos sentimentos que encontram «uma ancoragem em coisas e lugares» (Easthope 2009:71). Como resultado, os sentimentos, as memórias, as sensações que o corpo percebe, sejam eles um cheiro, uma comida ou uma paisagem vão ser responsáveis por construir memórias e consequentemente um sentimento de pertença àquele determinado lugar. Easthope explica que estes sentimentos de pertença aos lugares e ao lar (*home*) são responsáveis também pelo sentimento de identidade coletiva – como no caso da nacionalidade. Mesmo nestes casos, segundo a autora, a ligação com o lugar precisa ser considerado a partir da experiência do corpo.

Easthope neste ponto parece concordar com Toren ao citar Merleau-Ponty e Heidegger quando menciona que nossa relação com o mundo é através do corpo e que portanto, nossa forma de estar-no-mundo, e quem nós somos é influenciado pelos nossos relacionamentos, através do nosso corpo (Easthope 2009). É através do corpo e dos hábitos do quotidiano que as pessoas vão construir as relações com as pessoas e os lugares. A conclusão da autora é portanto, que as pessoas sentem-se «em casa» nos lugares onde elas desenvolvem seu *habitus*[6].

Giddens também considera que as rotinas adquiridas nos primeiros anos de desenvolvimento de uma pessoa são muito mais do que um ajustamento a um mundo externo, mas são a aceitação emocional da realidade deste mundo externo, é uma das origens da «auto-identidade» (Giddens 1994:37). O sentimento de pertença é portanto, ligado ao lugar através de uma vivência, mas esta vivência não depende deste lugar para existir, pois pode ser construído em outro local, a partir de outras experiências que as pessoas possam vir a ter. No contexto dos jovens que vivem em constante mobilidade, a formação da identidade não pode, portanto, descartar a influência do local neste processo.

O que aparentemente se torna uma contradição – entre os autores que afirmam que a experiência vivida entre vários países irá causar uma desterritorialização que enfraquecerá os laços nacionais e os autores que afirmam que a localidade é importante para a formação do sentimento de pertença – pode ser entendido quando percebemos que a primeira situação se dá no campo da fidelidade das pessoas aos aspectos político-sociais ligados aos Estados-Nação, conforme tratam Inda e Rosaldo e já mencionado no capítulo II. A segunda situação tem relação com o sentimento de pertença e como as pessoas formam ligações com pessoas nos relacionamentos sociais e com os

---

[6] A autora faz uso do conceito de *habitus* de Casey (2001) que liga o conceito de habitualidades de Heidegger com o conceito de *habitus* de Bourdieu, que «propõe que este termo pode ser usado para explicar o relacionamento entre *self* e *place*» (Easthope 2009).

lugares através das experiências vividas por elas. Não são portanto, fatores excludentes, mas complementários.

Todas estas considerações sobre a formação da pessoa e da identidade individual me levam a perceber como os TCKs formam suas identidades dentro deste contexto de mobilidade transnacional. A complexidade de sua rede de relacionamentos providencia um contexto cultural variado e neste contexto o processo cultural irá ser continuamente construído por este jovem e ao mesmo tempo construirá sua identidade. O modo como o jovem lida com este processo de autoformação de sua identidade e com o contexto cultural faz a diferença na formação de seu ser como pessoa.

No próximo capítulo apresento alguns jovens e parte de suas famílias que compõem este universo de alta mobilidade transnacional que serviram como base para este estudo exploratório sobre TCKs. Tentarei verificar na análise deste estudo se as teorias aqui apresentadas encontram reflexão na vida destas pessoas.

ENTREVISTAS

Neste capítulo faço uma apresentação de um pequeno exemplo deste universo de pessoas que transitam entre países e que neste curso de vida constroem suas identidades e formam-se como pessoas. As entrevistas compõem um estudo exploratório sobre o assunto em si, não pressupondo uma prova científica sobre esta categoria específica, mas a intenção é de analisar os contextos das histórias destas pessoas diante das teorias propostas neste trabalho. No curso desta pesquisa deparei-me com várias situações e questionamentos sobre a formação da pessoa que vivem em contexto transnacional e no decorrer deste processo verifiquei que uma forma de fazer este estudo exploratório sobre TCKs seria o contato com jovens que considero fazer parte deste Universo. Para as entrevistas procurei pessoas que pudessem fazer parte da categoria de TCKs e compreendi que de forma a perceber melhor as histórias que me seriam contadas por estes jovens era importante também entrevistar um dos pais para que um olhar maior sobre a história de vida destes jovens pudesse ser adquirida. Também considerei neste processo que seria muito importante verificar como se dá o entendimento deste processo de contínua mudança na vida dos jovens e dos adultos, no caso os pais, a fim de fazer uma verificação do significado que cada um fazia do processo em que estão inseridos mutuamente. Na falta de uma metodologia mais participativa na vida destes jovens – por motivos que já foram mencionados na introdução deste trabalho – também considerei importante apresentar a história de uma família com quem tive um contato mais duradouro, no caso uma família cujo contato anterior me permitiu observar algumas questões sobre o assunto de TCK. Esta será a última família a ser apresentada para fins de análise deste trabalho.

Em um primeiro momento procurei entrevistar jovens de uma escola internacional que poderiam se encaixar no perfil de TCKs. Foram duas entrevistas que fiz com os alunos de uma escola internacional. Na primeira entrevista estavam presentes 11 alunos com idade entre 12 e 17 anos. Para a segunda entrevista estiveram presentes apenas quatro jovens desta mesma escola, que foram identificados pelo professor do *High School* como mais próximos do perfil de TCKs. A identificação foi feita pelo professor baseado no que ele compreendeu ser um TCK a partir da primeira reunião. Mais adiante explico mais detalhadamente esta questão. Em um terceiro momento identifiquei dois alunos do segundo grupo entrevistado que realmente estavam dentro do perfil de TCK apresentado por David Pollock e Ruth Van Reken. A partir daí entrei em contato com as mães destes alunos para uma futura entrevista. O motivo de entrevistar as mães era confirmar as histórias da família e procurar identificar como foi construída a história desta família dentro deste processo de mobilidade transnacional. A terceira família representada nas entrevistas é a que conheço há mais tempo e com quem tenho contato frequente. Esta família é composta de seis membros, mas a entrevista foi feita com a mãe, que está residindo em Londres, e uma das filhas, que reside em Edimburgo e as entrevistas foram feitas por Skype e e-mails. O contributo que esta entrevista traz para este trabalho está no fato de esta família tem o perfil de uma família de TCKs – de acordo com o perfil elaborado tanto por Useem como por Pollock e Reken – além disso, o fato de ter tido contato por três anos com estas pessoas foi importante para perceber não só alguns aspectos da vida de uma família que vive este estilo de vida, como também possibilitou várias conversas entre nós, ao longo do tempo, sobre este assunto de educar filhos neste contexto de vida.

Penso ser importante esclarecer que durante o tempo em que estive envolvida na pesquisa e por ter escolhido uma escola internacional a qual estou ligada pessoalmente, algumas situações se apresentaram que nos remetem mais uma vez à questão da intensidade do envolvimento do pesquisador com seu projeto. Em várias ocasiões sociais que envolveram a escola, sejam elas festas, reuniões ou mesmo conversas informais nos portões à saída da escola, obtive informações que foram importantes no processo de análise das entrevistas e que contribuíram para uma melhor compreensão de alguns aspectos das vidas destas pessoas. Devo mencionar que em uma destas ocasiões durante o processo de pesquisa, ao terem conhecimento de que estava a pesquisar sobre TCKs, fui convidada por uma professora da escola para falar em uma reunião de mães sobre "como lidar com as mudanças frequentes". Neste caso específico, onde minha presença naquela reunião não era a do pesquisador, mas a de uma "mãe de aluno" – mesmo que com certo conhecimento que era diferencial – não posso dizer que as conversas que surgiram daquela reunião não contribuíram para a percepção de algumas situações que envolviam alguns dos alunos entrevistados por mim, principalmente aqueles cujas mães também foram entrevistadas. Não posso, portanto, dar crédito somente às entrevistas que fiz pela percepção e pelas colocações que faço no decorrer da pesquisa, pelo contrário, algumas conversas "ao pé da mesa do café" foram responsáveis por *insights* que nos mostram que os instrumentos para se fazer pesquisa são necessários, mas não são de todo a única forma de compreender os relacionamentos humanos.

Ao todo a pesquisa aconteceu em um período de cinco meses a partir do primeiro contato até a realização da última entrevista. O primeiro contato deu-se no mês de novembro de 2011 e a primeira entrevista aconteceu somente em Dezembro do mesmo ano. A última entrevista realizou-se em Março de 2012. Esta demora na realização das entrevistas se deve ao processo de contato com a escola e com a disponibilidade dos professores, alunos e mães dos alunos para realizarem a entrevista. A seguir passo a discutir sobre cada um dos aspectos a serem considerados nesta pesquisa.

1. Escola Internacional: O Lugar de Encontro de TCKs.

A Escola Internacional onde foram realizadas as pesquisas com os jovens é uma escola pequena, com cerca de 50 alunos, situada no Concelho de Cascais, no Distrito de Lisboa, Portugal. Sendo uma entre várias escolas internacionais na área de Sintra e Cascais, esta escola foi criada em 1980 para servir à comunidade cristã internacional, estando diretamente ligada a uma Igreja Cristã Internacional. Como qualquer escola internacional há alunos de vários países. No ano em que realizei a pesquisa havia alunos originários do Brasil, Angola, EUA,

Dinamarca, Nigéria, Espanha, Itália, Alemanha, África do Sul, Grécia entre outros. Os alunos desta escola em particular são geralmente filhos de militares da NATO que estão de serviço em Portugal, Diplomatas, Missionários e de outros profissionais estrangeiros.

As escolas internacionais têm uma grande influência na formação da identidade destes jovens TCKs. Diferentemente dos outros estrangeiros que estão no país por tempo indeterminado, os filhos dos expatriados esperam ficar somente por um determinado número de anos naquele país e por este motivo os pais preferem que seus filhos tenham uma educação que seja continuada em uma apenas uma língua. Por este motivo a maioria dos expatriados procura colocar seus filhos em escolas que tenham uma origem em seu país ou na falta destas, em uma escola internacional. Como são escolas particulares, o valor das propinas também é um indicador da situação social das famílias, pois não é acessível a qualquer estrangeiro no país, somente àqueles que tenham condição de manter seus filhos nestes estabelecimentos. Portanto, os alunos destas escolas são geralmente jovens, filhos de expatriados, que vão fazer parte de uma comunidade de pessoas que possuem muitas semelhanças em suas histórias de vida. Este contato contínuo dos jovens com outros que fazem parte de um mesmo "grupo" vai ser de muita importância na formação da identidade dos jovens TCKs.

O contato com a escola se deu através de seu diretor, C. Freitas, que permitiu que a escola fosse utilizada para as entrevistas. Com relação aos alunos o Sr. Freitas pediu apenas que não fossem revelados os nomes verdadeiros dos alunos por motivos de segurança, já que muitos pais trabalham para a NATO ou para embaixadas e não querem ter divulgadas informações sobre suas famílias. Além disso ele não permitiu que fossem feitas entrevistas individuais com os alunos, somente entrevistas em grupo e não permitiu o uso de nenhum tipo de gravação sonora ou de vídeo. Com a minha garantia que não revelaria os nomes das famílias ou informações pessoais sobre suas carreiras, ele permitiu as entrevistas e me forneceu o contato dos professores para que eu pudesse marcar uma data para as entrevistas. Também penso ser importante explicar que as entrevistas foram conduzidas em inglês[7], mesmo no caso dos estudantes que falam português.

No princípio contactei o professor responsável pela turma de *High School* e expliquei minha intenção e o motivo das entrevistas. Ele se mostrou aberto a preparar a reunião para um dia em que a classe tivesse um tempo de *Chapel*, que são reuniões onde se fazem palestras motivacionais para os alunos. Estas reuniões acontecem todas as sextas-feiras durante uma hora e o professor sugeriu que a entrevista fosse feita com os alunos do *High School* e do *Junior High* porque compreendiam as idades que lhe havia comunicado serem relevantes para o meu estudo: jovens entre 12 e 17 anos. Trocamos vários *e-mails* para acertar os detalhes e marcamos que eu teria esta hora para fazer a entrevista e que eu iria apresentar um vídeo[8] sobre TCKs e logo a seguir poderia fazer a entrevista com os alunos.

---

[7] Todas as citações das entrevistas foram traduzidas por mim para o português, com exceção das citações que considero ter um sentido mais específico em inglês, e por isso mantive a citação na língua original. Como não possuía meios de gravar o que os alunos falavam, as citações partilhadas aqui foram as anotadas por mim nas minhas anotações.

[8] O vídeo encontra-se como anexo no CD de apresentação desta dissertação.

A reunião aconteceria logo após o recesso do almoço, e os jovens estavam retornando aos poucos para a sala de aula. A reunião teve duração de uma hora e neste caso em especial havia duas turmas, o *High School* e o *Junior High*, sendo um total de 13 alunos na sala, 11 meninos e 2 meninas. Dentre os alunos havia 5 alunos nigerianos, 2 alunos luso-americanos, 1 americano (filho de pais americano e espanhol), 2 alunas luso-cabo-verdianas, 1 angolano, 1 sul-africano e 1 brasileiro. Comecei a reunião me apresentando e dizendo o motivo da minha presença ali. Logo depois coloquei o vídeo para assistirem.

O vídeo de cerca de oito minutos que utilizei, *Les Passagers*, é um pequeno *trailer* de um filme que está sendo feito a pedido do Governo Francês e que trata da questão dos TCKs, quem são, o que pensam, como vivem. Baseado em vários depoimentos de jovens adultos que se identificam como TCKs, este *trailer* explica em poucos minutos várias questões com as quais os TCKs se identificam, como a questão da pertença e do sentimento de se sentirem em casa em qualquer lugar e das dificuldades em fazerem amigos. Minha intenção ao mostrar o vídeo era fazer com que entendessem o perfil de um TCK a partir das colocações que foram apresentadas no vídeo e com isto procurar saber se os adolescentes na reunião conseguiam se identificar com as pessoas no vídeo.

Após assistirem ao vídeo, apresentei-lhes o que se vinha a entender como um perfil de um TCK e prossegui a reunião fazendo perguntas e tentando a participação dos alunos. Tinha levado comigo um guião (anexo 1) que preparei baseado nas leituras que fiz sobre TCKs e as questões que são comumente atribuídas aos desafios e benefícios de uma vida como TCK. As perguntas eram sobre o fato de transitarem entre diversos países, particularmente sobre como faziam e mantinham amigos, sobre a participação deles na vida local nos países onde viveram, que lugar estes jovens consideravam como seu lar, entre outras perguntas. Comecei perguntando se os alunos se identificavam com os jovens que eles viram no vídeo. A maioria dos alunos disse não se identificar com o vídeo, somente uns quatro alunos se identificaram. Para facilitar a compreensão de tudo o que percebi, vou dividir os alunos em dois grupos, o primeiro grupo dos alunos que não se identificaram com o perfil dos TCKs (NIP) e o segundo grupo dos alunos que se identificaram com o perfil (IP).

Durante toda a reunião me chamou a atenção a falta de interesse dos alunos que logo depois eu viria a concluir não se identificarem com aquele perfil dos TCKs (o Grupo NIP). Alguns deles levantaram-se várias vezes durante a conversa e sem pedir a autorização do professor tentavam sair da sala. Por duas ou três vezes o professor teve que colocar ordem na turma para que eles parassem de conversar entre si. Tentei manter a reunião o mais informal possível para conseguir as informações, e tentei por várias vezes fazer com que todos respondessem, mas a maioria deles não o fez. As perguntas variavam sobre o tema dos TCKs, mas minha intenção era saber se eles tinham conhecimento sobre o que vem a ser um TCK e se eles tinham percebido em suas vidas aquelas problemáticas levantadas pelos autores que tratam do assunto de TCKs. A maioria dos alunos do Grupo NIP nunca tinha ouvido falar neste assunto. Em uma conversa posterior com o professor, fiquei sabendo que os alunos do grupo NIP eram pessoas que afinal só experimentaram o afastar do seu país de origem nesta vinda para Portugal. A maioria destes alunos estava em Portugal há pouco menos de 2 meses. Eles, portanto, não tinham efetivamente passado pelas experiências de transição sucessivas identificadas pelo perfil dos TCKs. Esta característica que os unia acabou por ser relevante para considerar aspectos do tema aqui em debate. Na verdade verifiquei depois que a resposta que eles me haviam dado à pergunta «*Where is home for you?*[9]» sendo prontamente respondida com o nome do país de origem, fazia pensar que para eles o sentimento de que seu país era sua casa é um sentimento que parecia ser "natural".

As vezes em que mais responderam às perguntas foi quando falamos sobre os pontos positivos e negativos de morar no exterior. Tentei fazer as perguntas buscando saber se as problemáticas apontadas pelos livros sobre TCKs eram as mesmas vividas pelos alunos da reunião. Então perguntei-lhes sobre os pontos positivos e negativos de ter uma vida tão movimentada entre países e culturas. Os dois grupos pareciam conhecer bem quais eram as vantagens e desvantagens de morar em outro país, naquilo que concerne a distância das famílias e dos lugares que estão acostumados e também as vantagens em conhecer um outro país e uma outra cultura. As respostas variavam entre as positivas: «é bom conhecer outras pessoas e outros lugares», «é bom poder viajar e morar em outro país», e as respostas negativas: «é ruim não poder falar a língua do lugar», «é difícil fazer amigos», «é ruim estar longe da família» e «é ruim sempre ter que deixar os amigos quando vamos embora».

---

[9] Faço o uso da palavra *Home* em inglês, e algumas vezes entre parênteses, por considerar que há muitas traduções em português que possuem sentidos diferentes e por isso insuficientes para transmitir a ideia que as pessoas quiseram transmitir ao usar estas palavra.

Ao analisar de novo o contexto familiar dos alunos que agora se agrupavam entre estas duas categorias, dos que se identificaram (IP) e os que não se identificaram (NIP) verifiquei que no Grupo IP estavam alunos que tinham dupla nacionalidade devido aos pais serem de países diferentes. Neste grupo pelo menos 3 tinham um dos pais com cidadania americana e 2 deles tinham vivido em mais de um país durante a sua vida. Estes foram os alunos que mais responderam às perguntas. Sendo os mais participativos eram, porém, os que mais sentiam dificuldades em responder às perguntas do tipo «onde é o seu lar (*home*)?» As respostas eram frequentemente dadas em forma de outras perguntas, como por exemplo quando perguntei «vocês vão para casa (*home*) nas férias?» estes alunos respondiam «*Which home?* (*Are you asking*): *Do we go to the Country where we're from or do we go to the place we feel home is?*» estas respostas pareciam mesmo ter relação com o fato de não saberem se eu estava referindo-me ao lugar onde nasceram que poderia ser o país de origem de um dos pais, para onde iam com frequência, ou o lugar onde moraram por mais tempo e que ainda tinham relações por causa de um parente ou por ainda possuírem lá uma casa onde poderiam passar algum tempo do ano, demonstrando assim o sentimento dividido entre as várias "casas" que possuem.

Várias vezes os alunos do Grupo IP demonstraram estar cientes das problemáticas dos TCK. Ao perguntar como vieram a conhecer este assunto um deles respondeu que sua mãe tinha o livro (de Pollock e Reken). Os alunos que mais apontaram os desafios que em geral afetam a vida de quem tem esta experiência e também alguns dos pontos positivos de se morar em todos estes lugares eram alunos que estavam no grupo IP. Em alguns casos os alunos pareciam até mesmo citar o livro de

Pollock e Reken em suas respostas. Falaram-me sobre a dificuldade de se sentirem em casa porque não sabiam que lugar considerar como lar (*home*). A resposta dada pelo aluno Lúcio[10], que já morou em três países e possui dupla nacionalidade, sendo uma delas de um quarto país onde somente vai durante as férias, exemplifica bem esta questão:

> «Eu não sei onde é a minha casa (*home*). Algumas vezes eu penso que minha casa (*home*) é na Alemanha, porque é o lugar que eu tenho lembrança de ter vivido, mas às vezes sinto que minha casa é na Espanha porque tenho minha família lá, mas também tenho família na América, então não sei onde é minha casa (*home*).»

Um outro aluno, Carlos, é um luso-americano que nasceu e cresceu em Portugal e sua resposta demonstra o sentimento dividido: «eu não me sinto em casa no lugar onde moro, meu lar (*home*) é na América, eu me sinto americano». Carlos demonstra nesta resposta a ideia comumente aceita de que a identidade pessoal («sinto-me americano») tem que estar ligada ao espaço físico («meu lar é na América») do território.

Logo após esta reunião na escola ocorreu o período das férias de Natal e não foi possível contactar a escola. Só o fiz novamente em Fevereiro. Nesse momento conversei com o professor que estava em classe no dia da reunião e aproveitei para esclarecer algumas dúvidas sobre a reunião, como por exemplo se aquele comportamento dos alunos do Grupo NIP era um comportamento comum ou se devia ao fato de estarem em um ambiente mais informal e com outra pessoa a conduzir a reunião. O professor disse que alguns dos alunos eram novos na

---

[10] Os nomes dos entrevistados foram modificados para preservar a identidade das famílias.

escola e que por isso ainda estavam na fase de «experimentar a autoridade dos professores». Porém, ele próprio acabou por considerar que em parte o comportamento se poderia explicar por não se identificarem com o perfil dos TCKs, por não sentirem que aquele assunto era de seu interesse. O professor então sugeriu que a segunda reunião que eu planeara fazer fosse agora com os alunos que se identificaram com o perfil de TCK. Através de e-mails e telefonemas combinei uma outra data para entrevistar agora esse núcleo mais restrito de quatro alunos.

2. 2ª entrevista na Escola Internacional: os alunos com perfil de TCKs.

Esta segunda entrevista de grupo aconteceu no mês de Março de 2012 e foi organizada de maneira a utilizar o horário de uma classe sobre estudos culturais que os alunos têm na escola. Me reuni com os quatro alunos na Biblioteca por uma hora e desta vez o professor deles não estava presente. Novamente os alunos eram das duas classes, *Junior High* e *High School* e a reunião foi toda conduzida em inglês, e como na vez anterior, preparei um guião (anexo 2) para a entrevista, mas procurei também fazer perguntas à partir das respostas que me eram dadas. Desta vez também não tive permissão para gravar a entrevista, o que me levou a escrever todas as respostas que os alunos davam durante a entrevista. Três dos alunos estiveram presentes na reunião anterior e apenas uma menina estava pela primeira vez participando da conversa. A idade dos alunos variava entre 13 e 17 anos. Dos quatro alunos três tinham dupla nacionalidade, sendo um dos pais nos três casos, americano. Passo então a apresentar os alunos e um breve relato sobre cada um:

Carlos: 14 anos, filho de mãe americana e pai português, nasceu em Portugal, sempre morou em Portugal. Viaja para férias nos EUA. Fala inglês e português, mas sente-se mais à vontade falando inglês. Pais são missionários. A família está de mudança para os EUA no verão. A mãe é americana, o pai português, irá morar nos EUA pela primeira vez. Este aluno nasceu e morou toda sua vida em Portugal, mas ele foi incluído no grupo porque tem dupla nacionalidade e porque está de mudança para os EUA, país de origem de sua mãe, e de acordo com o próprio aluno ele está «voltando para casa (*home*)».

João: 14 anos, filho de pais angolanos, nasceu na África do Sul, saiu da África do Sul para morar em Portugal há um ano, pai é empresário. Fala inglês e português. João não sabe ainda se continuará a morar em Portugal ou se retornará para a Africa do Sul no verão, a decisão ainda não foi tomada pelos pais.

Lucio: 13 anos, filho de pai americano e mãe espanhola, nasceu na América. Com 7 meses mudou-se com os pais para a Alemanha onde viveu 7 anos. Mora em Portugal há seis anos e está de mudança para a Espanha onde os pais pretendem morar permanentemente. Fala inglês e espanhol e disse já ter esquecido o pouco alemão que aprendeu. Pai é oficial da NATO.

Nicole: 17 anos, filha de pai americano e mãe dinamarquesa, nasceu na Dinamarca enquanto os pais residiam na Rússia. Morou na Rússia, Itália e Portugal. Fala inglês e pouco dinamarquês. Tendo terminado a escola, agora pretende ir para os EUA para cursar a faculdade. Pai é empresário e a mãe não exerce nenhuma profissão em Portugal.

Os alunos estavam à vontade uns com os outros no início da reunião e embora não soubessem logo do que se tratava, interessaram-se pela conversa quando falei que gostaria de conversar mais sobre o assunto de TCKs. Comecei então a entrevista perguntando-lhes onde tinham nascido e onde tinham morado antes de virem para Portugal. Cada um contou rapidamente a sua história, identificando os países por onde passaram. Quando Nicole citou que morou na Rússia e na Itália os outros alunos demonstraram surpresa e curiosidade sobre este fato, fazendo perguntas e comentários sobre o assunto.

Quando perguntei se eles gostaram de viver esta experiência de morar em tantos lugares, Lúcio de 13 anos respondeu que sim, «é bom conhecer outros lugares e o modo de pensar de outras pessoas que pensam diferente de nós». Carlos que nunca morou fora de Portugal, respondeu que «era bom porque há mais escolhas, uma pessoa pode escolher entre viver em um país ou em outro e escolher em qual escola estudar». Assim como na primeira entrevista, as respostas sobre os pontos positivos novamente variaram sobre conhecer outras culturas e fazer novos amigos.

O ponto mais negativo das constantes mudanças segundo Nicole é o aprendizado da língua e a convivência com as pessoas locais: «é difícil aprender a língua, ir a lojas, falar com as pessoas, a língua faz ser mais difícil lidar com os aspectos locais da mudança». Carlos que está de mudança para a América neste verão considera que desfazer da casa e dos pertences é a pior parte: «é difícil lidar com as mudanças porque estamos ligados à casa, às memórias da casa». Como essa questão da mudança é uma questão que neste momento da entrevista estava muito específica para todos eles – pois esta é a época do ano em que as famílias já se preparam para as mudanças que acontecem no Verão – a conversa sobre venda ou aluguel da casa, sobre a venda de móveis e o desfazer dos objetos foi um assunto que rendeu vários minutos de conversa, e todos eles falaram sobre as dificuldades de se desfazerem de seus pertences e de lidar com as mudanças, falaram das questões logísticas da mudança (aluguer de casa, venda e doação de móveis e pertences, etc). Isto demonstra que há uma dinâmica de mudança entre as famílias. Estas sabem o tempo de chegar, de se instalar e de preparar para a mudança novamente. Mais à frente retornarei a este assunto pois devido à época em que foram feitas as pesquisas, este aspecto particular foi mencionado também pelas mães.

Estes jovens demonstraram ter uma boa percepção das dificuldades que enfrentam devido ao estilo de vida que vivem. Percebi uma diferença entre os alunos que constituíam suas amizades somente dentro da comunidade escolar, portanto internacional, e aqueles que tentaram fazer amigos fora do ambiente internacional, entre os locais. Para aqueles que tinham seus amigos somente entre os internacionais, não havia uma percepção imediata de que suas vidas eram "diferentes". Percebi isto quando os alunos chegaram para a reunião e ao contarem suas histórias de vida, a cada vez que algum deles mencionava um país onde havia morado, os outros alunos diziam algo como «você morou na Rússia? Eu não sabia! Fixe!» demonstrando que entre eles, este não era um aspecto de exclusão da pessoa do grupo, não era de todo importante para eles, mas quando descobriam este fato, achavam interessante. Ao contrário disso, quando procuram amigos fora do espaço internacional, estes jovens percebem, muitas vezes, as diferenças que as pessoas fazem entre eles (os estrangeiros) e os locais. Um exemplo disso foi o episódio contado por Lúcio – um aluno que não fala português – que explicou que não tinha amigos entre os portugueses porque quando tentou fazer amizade entre os vizinhos ouviu o pai de uma das crianças (portuguesa) dizer ao filho que este «não podia brincar com estrangeiros». Nicole também falou que não tem amigos fora da escola internacional porque não fala português. Esta história exemplifica a dificuldade que estes jovens têm, muitas vezes, de se sentirem parte do lugar onde moram, seja pelas dificuldades em aprender a língua, seja por causa das questões de adaptação entre os locais. Quando perguntei aos dois outros alunos que falam português se eles têm amigos entre as pessoas locais, Carlos – que frequenta uma igreja cristã internacional na área de Lisboa – explicou que «na igreja fico mais com os estrangeiros, quando me aproximo de um grupo de portugueses e eles percebem meu sotaque, me deixam de lado, por isso fico mais com os estrangeiros». Mesmo tendo nascido e crescido em Portugal, quando sai à rua, Carlos evita falar português, quando perguntei o porquê disto ele respondeu que não se sente à vontade falando português. João explicou que está em Portugal há cerca de um ano, seus amigos são os colegas da escola internacional, mas ele joga futebol com alguns portugueses e com estes fala português, mas «não saio com eles, só nos encontramos no futebol».

Ao analisar as entrevistas feitas com os alunos nesta ocasião alguns pontos chamaram atenção de maneira geral. Primeiro é que os alunos que mudaram mais vezes são os que mais se identificam com as problemáticas tradicionalmente características dos TCKs. Todos eles falaram com naturalidade sobre morar em diversos países, sobre as vantagens em conhecer outras culturas e visitar museus e lugares que não poderiam ir se não fosse pela mudança de local. Também identificaram como difícil a questão do aprendizado de novas línguas, de contactar pessoas nativas dos países. Falaram sobre o fato de sempre se sentirem estrangeiros onde quer que fossem.

A ideia da identidade pessoal estar ligada a um determinado lugar é muito perceptível para estes jovens a partir do contexto das emoções e não do lugar onde moram ou do lugar onde nasceram. Para Lúcio, que tem 13 anos, esta questão ainda não está resolvida, pois ele não se sente pertencente a nenhum lugar e ao mesmo tempo a todos os lugares, mas quando perguntei «*Where are you from?*» a resposta dada foi «*I feel German, but I am probably American or Spanish*» demonstrando uma identificação maior com a Alemanha que é o lugar de onde ele tem mais lembranças de sua vida e amigos do que com os EUA – lugar de origem de seu pai e onde Lúcio nasceu – ou a Espanha, país de origem de sua mãe e onde Lúcio passa alguns meses do ano em férias. Esta situação demonstra que Lúcio percebe que sua história está construída em vários lugares, mas não se sente pertencente completamente a nenhum destes lugares.

O que observo nestes casos é que o universo em que estes alunos estão inseridos os leva a ter um contato maior sempre com os colegas de escola, por causa principalmente do tempo que gastam em atividades escolares. Na escola, todos estão conscientes de que são estrangeiros e se identificam uns com outros a partir de seus interesses particulares, não levando em consideração a origem dos colegas, ou fazendo disto uma diferenciação no tratamento. O fato de muitos não falarem a língua do país onde estão é um fator relevante para a escolha entre ter ou não ter contatos com os nacionais. Mas por terem um grupo de amigos formado dentro de um ambiente que lhes é "familiar", o da escola internacional, estes jovens crescem em uma comunidade formada por pessoas que tem uma experiência de vida parecida com as suas. O sentimento de pertença é então formado dentro deste grupo.

3. As Histórias das Famílias

3.1. A família de Joana: A Necessidade de Fixar "Raízes"

Duas entrevistas foram feitas com as mães dos alunos. A primeira foi feita com a mãe do Lúcio, Joana. Meu conhecimento com Joana se deu através da escola internacional onde nossas filhas estudam na mesma classe. Seu filho Lúcio foi um dos entrevistados por mim na escola quando lá estive. Marquei com Joana para encontrá-la em sua casa, uma entre oito casas de um condomínio fechado na região de Cascais. Quando cheguei, Joana estava ao telefone tratando da venda da casa, pois neste verão a família muda-se para a Espanha. Ela explicava ao telefone ao provável comprador como a casa havia sido construída por um cidadão português que havia sido imigrante no Canadá e que por isso a casa era toda construída nos padrões canadianos, especialmente no que concerne à arquitetura e ao aquecimento da casa.

Joana é espanhola e tem cerca de 40 anos. Joana cresceu na Espanha, mas viveu dois anos no Peru e EUA quando tinha entre 12 e 14 anos e após este tempo retornou para seu país. Sua formação de vida foi portanto no contexto espanhol e só depois de adulta é que saiu definitivamente de seu país. Joana saiu da Espanha com 22 anos e viveu na França por cerca de 4 anos,

Holanda por seis meses e foi para os EUA onde se casou com um americano oficial da NATO. Seu primeiro filho Lúcio nasceu neste tempo em que ficaram nos Estados Unidos da América. A partir daí mudou-se com a família para a Alemanha por 7 anos, onde dois outros filhos nasceram, e está em Portugal há 6 anos, onde o filho mais novo nasceu. Lúcio é o único filho que fala inglês e espanhol, «porque minha mãe não me responde se falo com ela em inglês». Os dois outros filhos falam apenas inglês, e apesar de saberem um pouco de espanhol, não "obedecem" a mãe quando esta insiste em que falem espanhol com ela: «eles falam inglês o tempo todo na escola e já não se importam com espanhol» diz Joana. O mais novo é um bebê de cerca de um ano de idade. Em cada lugar que mora, Joana se interessa por aprender a língua local «porque penso que é importante falar a língua das pessoas locais», por isto Joana fala seis línguas. Perguntei se poderíamos fazer a entrevista em português e ela concordou.

A conversa com Joana foi interessante por ter acontecido em um momento em que estava a preparar uma mudança de país. A família está de mudança permanente para a Espanha, um plano que o casal elaborou já há algum tempo: o marido iria se reformar cedo para poderem dar aos filhos a estabilidade de crescer em um país apenas. Joana explicou-me que quando se casou ela fez questão de colocar esta condição para o marido, que ele iria se reformar assim que atingisse a idade mínima para a reforma. Neste caso o marido também está na casa dos 40 anos e já estará se reformando do serviço militar americano. O plano da família é de se mudarem para perto da família dela, no sul da Espanha. O sentimento de Joana é de «medo», pois teme que não vá se adaptar ao seu país depois de tantos anos fora, com o jeito das pessoas de pensar, a maneira local de pensar, que Joana considera como diferente do seu, pois já visitou o mundo inteiro e morou em vários lugares. Tem medo também que eles não se adaptem ao país e pensa que o marido pode querer voltar a trabalhar sendo tão novo e não sabe se a Espanha vai ser o melhor local para se fazer algum tipo de trabalho que possa motivar o marido.

Segundo Joana a escolha pela Espanha também é para dar as crianças um sentido de «lar», já que para ela as crianças ainda não têm um sentimento de onde é o seu lar. Ela entende que é importante para as crianças terem «raízes», por isso sempre vão para o mesmo lugar na Espanha nas férias (onde estão a família e os amigos), o «sitio seguro». Com a intenção de dar aos filhos esta relação com suas «raízes» Joana procura ensinar as tradições espanholas aos filhos. As tradições americanas foram deixadas, pois Joana não «gosta muito delas», a única que faz é o Natal americano, com o Pai Natal, ao contrário da tradição espanhola de comemorar o Dia de Reis «porque é a mais conhecida, está em todo lado e as crianças vêem as outras pessoas fazerem, então fazemos também». Quando perguntei a Joana se os filhos sentem-se "fora de lugar" ela responde que Lúcio talvez já sinta, mas os outros ainda são pequenos, por isso ela quer que a família se mude em definitivo para um país, para dar a eles este sentimento de raízes, de que são daquele lugar.

Sobre o estilo de vida deles, sua opinião é que a vida se torna um ciclo de três anos. Eles sempre sabem que vão ficar num lugar três anos e vão se mudar, e que se ficam mais de três anos já começam a achar que o lugar é «seu», a criar laços com o lugar, a dominar a língua. «O primeiro ano é o ano da chegada, onde é tudo novo, o segundo ano é o melhor, pois já se conhece tudo e já não é novidade, e o terceiro ano já é o ano que começam a se desconectar do lugar pois vão embora logo, é a época de vender casa, vender móveis e começar a pensar no outro lugar». Com isso Joana lamenta não ter condições de ter «a casa dos sonhos» pois não se pode fazer planos a longo prazo «não podemos fazer obras na casa para aumentar uma varanda, sabe? Porque sabemos que daqui a dois anos vamos ter que vender a casa, então não vale a pena».

Como a maior parte de sua juventude foi vivida entre os mesmos amigos e no mesmo país, Joana sente que é importante que os filhos tenham as mesmas experiências. Na Espanha a ideia é de colocar os filhos em escolas nacionais para que eles tenham amigos permanentes, que eles saibam que vão ter sempre amigos ali, sempre um lugar onde vão ter pessoas que os conhecem. A relação de amizade parece ter muita importância para Joana, pois durante a entrevista ela várias vezes se referiu à falta de amizades permanentes como um dos maiores desafios desta vida de muita mobilidade.

Quando perguntei se o relacionamento de amizade está no meio internacional ela diz que entre os amigos do trabalho do marido não dá para ter uma amizade muito profunda, pois «há as questões de hierarquias, de coisas que não podem comentar». Mas que existem amizades superficiais. «A primeira pergunta que fazem quando nos conhecem é: "quando você chegou aqui?" Pois se a pessoa já está de saída as outras nem se interessam em fazer amizade». Joana sempre se interessa por fazer amigos locais para não ter a questão da mudança frequente a afetar sua amizades. Mas seus relacionamentos de amizades em Portugal são mais de estrangeiros fora da NATO, pois ela diz que sentiu o povo português muito fechado para estrangeiros. Segundo ela, as crianças sempre fizeram amigos locais, menos em Portugal, pois os vizinhos não quiseram que os filhos deles brincassem com seus filhos – Joana contou o episódio do vizinho que não deixou seus filhos brincarem com os filhos dela – o que deixou uma impressão negativa neles sobre os portugueses.

Para Joana a família está indo para a Espanha para ficar em definitivo ali, mas com a cabeça a pensar «pode ser só por três anos» pois eles podem não se adaptar e ter que mudar novamente. Neste ponto a questão da venda ou não da casa se torna relevante, pois Joana diz que se por um lado a venda da casa lhes daria a oportunidade de comprar uma nova casa em Espanha, por outro lado, se não venderem eles sempre podem alugar a casa e com isso ter este lugar em Portugal como um lugar para onde podem retornar se não der certo a ida para a Espanha. A família possui uma casa na Alemanha, que está alugada e dá a eles uma ajuda extra no orçamento. Agora já não sabem se vão comprar ou alugar uma casa em Espanha. «Se comprarmos e não ficarmos ali vamos ter que vender, e como está a economia, não sei se é bom, também não sabemos se vamos alugar, talvez alugar seja melhor, vai depender se vendermos ou não esta casa de Portugal». Naquele momento todas as alternativas para a família estavam em aberto devido ao impasse da venda da casa. Este aspecto logístico da mudança é experimentado tanto pelos pais quanto pelos filhos, pois a experiência de desfazer-se de seus bens é comum para todos da família, como notei ao entrevistar Lúcio na escola e ouvir os comentários que este fez sobre os desfazer dos objetos de casa.

Aparentemente Joana vê este estilo de vida de sua família como algo negativo. Sua constante preocupação em dar aos filhos o sentimento de "raízes" demonstra que este sentimento da necessidade do "enraizamento" é uma situação que é vivenciada por estas famílias como uma normalidade da qual não fazem parte, mas que precisam adequar para si. Joana vê a mobilidade de sua família como algo que vai ser prejudicial, a falta de "raízes" é um aspecto negativo que deve ser evitado. Por ter tido uma experiência de viver em seu país por toda sua juventude, ela planeia que seus filhos tenham a mesma experiência. Surpreende porém que ela tenha tanto interesse em se fixar em um só lugar, e que este lugar seja o seu país de origem, ao mesmo tempo em que procura tanto se adaptar ao local onde mora, tomando tempo em aprender a língua de cada país onde morou. Uma explicação para este aparente paradoxo da história de Joana encontra-se na colocação de Butcher (2009) sobre a motivação que um expatriado tem para relacionar as três categorias em que está incluído (os colegas de trabalho, os amigos locais e a família no local de origem) que é a de recriar os espaços de conforto enquanto constrói sua vida em frequentes relocações. Neste contexto, Joana vive em uma tensão constante entre a diferença cultural e a necessidade de pertença, que leva a um desejo de formar novos relacionamentos nos países para onde vai ao mesmo tempo que possui um desejo de continuar as associações com sua «casa». É exatamente por este desejo entre o sentir-se pertencente ao lugar onde está e não encontrar uma resposta que lhe satisfaça – devido a atitude negativa de algumas pessoas quanto à sua família – que desperta em Joana uma necessidade de retorno ao "lar", onde estão suas "raízes" e onde o sentimento de pertença reside plenamente.

3.2 Entrevista com Olívia: Em Busca da Identidade dos Filhos

Olívia é a mãe de Nicole – a menina dinamarquesa que já viveu na Rússia e na Itália. Contactei Olívia depois de algumas tentativas de conseguir seu *e-mail* através do Diretor da Escola. Depois de esperar por cerca de duas semanas sem respostas (o pedido foi feito em uma época em que o diretor estava especialmente ocupado com a procura dos novos professores para o ano letivo de 2012/2013), resolvi abordar a mãe de Nicole na porta da escola e me apresentar como pesquisadora e perguntar se ela poderia dispensar-me algumas horas para a entrevista. Anotei seu telefone e liguei na semana seguinte para a entrevista. Marcamos em sua casa, em um condomínio fechado localizado em uma área nobre de Cascais.

Cheguei na casa de Olívia às 11h da manhã. Tive dificuldade em achar o condomínio porque vi que o lugar que ela indicou era um hotel, e eu não sabia que ali também era um condomínio de moradia permanente. Na verdade o lugar é um condomínio que é ao mesmo tempo um Hotel com casas para aluguel de curta duração, é uma comodidade que atende às necessidades de pessoas que estão de mudança para, ou a partir de Portugal, e que precisam de uma residência por cerca de dois meses. Para as famílias de expatriados é uma boa opção quando chegam ao país enquanto procuram uma moradia definitiva. Quando mencionei o fato de morarem em um lugar assim, Olívia explicou que achava muito interessante este arranjo entre hotel e condomínio e que se mudou para este condomínio após a separação do marido. Olívia diz gostar do lugar porque ser seguro para as filhas, porque é um ambiente agradável e por todos vizinhos serem pessoas estrangeiras que estavam de chegada ou de saída de Portugal ou mesmo portugueses que moraram no exterior.

A entrevista com Olívia foi conduzida em inglês, idioma que ela domina bem. Ao começarmos a entrevista expliquei que estava fazendo esta pesquisa para uma tese de mestrado em Antropologia e logo Olívia se interessou pelo assunto pois ela mesmo voltou a estudar depois de muitos anos. Olívia contou que está recém-separada do marido e que por isto estaria voltando para a Dinamarca e que estava se preparando para voltar ao mercado de trabalho depois de mais de 20 anos sem trabalhar. Expliquei também sobre a entrevista e perguntei se ela conhecia o termo TCK, o que ela respondeu negativamente. Depois de explicar brevemente o que vem a ser o termo ela ficou aparentemente interessada, pois disse que sempre percebeu que o estilo de vida da família era diferente, e que «sempre teve questionamentos sobre se isso seria bom ou ruim» para seus filhos.

O ex-marido de Olívia é americano, empresário, e a princípio fica a viver em Portugal. O casal tem três filhos, o mais velho está na Dinamarca, cursando faculdade. Nicole é a filha do meio e já está no último ano do *High School* e pretende ir para a Universidade no Colorado, mas a mãe não está certa se esta será a melhor opção para a filha. A filha mais nova, em princípio, irá com a mãe para a Dinamarca[11].

Olívia cresceu na Dinamarca e por volta dos 20 anos saiu para os EUA onde viveu por 5 anos. Na América conheceu o

---

[11] À época da entrevista a filha mais nova iria com a mãe para a Dinamarca, mas em uma conversa informal à porta da escola, fiquei sabendo que há a possibilidade de que esta filha fique em Portugal com o pai para continuar na escola internacional, já que a mãe explicou que não teria condições de pagar as propinas de uma escola internacional na Dinamarca.

marido e após o casamento voltaram para a Dinamarca. Viveram na Dinamarca por 1 ano e meio, e tiveram o primeiro filho. Devido ao trabalho do marido, mudaram-se para a Rússia e viveram lá por 10 anos. Suas duas filhas nasceram neste tempo, mas ela sempre voltou para a Dinamarca para ter os filhos, pois «não queria ter filhos na Rússia». Após o tempo na Rússia a família foi para a Itália onde ficaram apenas 10 meses. Quando a empresa do marido propôs uma mudança «repentina» eles resolveram começar o próprio negócio e mudaram-se para Portugal, «mais porque a escola internacional não era boa, então porque ficar na Itália?» Disseram para os filhos que iriam partir em uma viagem de férias e vieram de carro para Portugal «não queríamos dizer às crianças que íamos viver aqui antes de ver como era, depois de dois meses aqui nós contamos a eles e eles fizeram uma festa». A família está há 9 anos em Portugal. Com a separação do casal o marido pretende continuar em Portugal e Olívia pretende mudar-se para perto de sua família que reside na Dinamarca «não tenho razão para ficar longe da minha família».

Sobre os países onde morou, Olívia demonstrou não ter gostado muito da experiência. Ela conta que «quando casamos com pessoas de outro país não temos ideia do que acontecerá». Contando sobre a separação do marido, pensa se valeu a pena viver em tantos países diferentes para acompanhar o marido e nas dificuldades que os filhos enfrentaram. Olívia mencionou este assunto quando conversávamos sobre a experiência de morar em outro país como a Rússia. Ela indicou que não gostou de morar lá. «Deixar a Rússia foi bom, porque não tivemos uma boa experiência lá».

A Dinamarca – país de origem de Olívia e lugar de nascimento dos filhos – parece ter uma grande importância para

Olívia. A família costumava passar pelo menos um mês todos os verões naquele país. Compraram uma casa (há 12 anos) na cidade onde ela cresceu e onde moram seus pais e parentes. Só nos últimos dois anos é que não foram lá por causa da separação do casal. A casa que ela chama de «casa de verão» é onde ficam sempre que vão ao país e é para onde Olívia vai voltar para morar com a filha mais nova. Ela diz que ter a casa ali «é bom porque dá um sentimento de pertença (*belonging*), pois a casa é perto da casa dos meus pais». Quando perguntei onde seria o seu lar (*home*), Olívia prontamente respondeu que é a Dinamarca. «É de onde eu venho, minha família está lá e é uma família muito grande e integrada». A família exerce um grande papel na vida de Olívia: «*I have big roots in family*».

Sobre os filhos, Olívia pensa que eles consideram a Dinamarca como seu lar, mas que podem considerar os EUA também. O filho mais velho considera a Dinamarca como lar, mas como Olívia contou, quando terminou a faculdade o filho mais velho foi para os EUA e tentou ficar lá por um tempo, mas não gostou da experiência e voltou para Portugal, onde trabalhou em um hotel «pois sabia falar português muito bem». Olívia contou que o filho aprendeu a falar português com os amigos na escola internacional. Depois de um tempo resolveu ir para a Dinamarca para fazer faculdade. Mas segundo Olívia ele já indicou para a mãe que não se sente totalmente à vontade no país entre os amigos dinamarqueses. Perguntei se eles se sentem tão dinamarqueses quanto americanos e ela respondeu que «todos têm orgulho de ser americano, mas Nicole é a que é mais ligada as coisas americanas». Olívia tenta incutir nos filhos uma ligação maior com a Dinamarca. Ela diz sentir mais apreciação pelo seu país depois que viveu em vários lugares e viu o lado bom e o ruim de cada lugar. Olívia diz que sabe que seus filhos não vão sentir pela Dinamarca o que ela sente, «já que eles tiveram uma outra vida em vários lugares». Ela lamenta ter deixado de falar dinamarquês com os filhos:

> «Por causa do meu marido sempre falamos inglês em casa e eu fui deixando de falar dinamarquês com eles. Porque as meninas têm problemas de aprendizagem eu não quis forçá-las a aprender a língua e eles hoje falam pouco, entendem tudo mas falam pouco, eu devia ter insistido mais com eles».

Quanto às experiências dos filhos, Olívia demonstrou preocupação se a forma como criaram seus filhos seria boa ou ruim para eles. Ela sempre percebeu que os filhos não se sentem totalmente parte de nenhum lugar. O filho mais velho se sente bem em Portugal e ela pensa que é porque ele teve amigos portugueses na escola internacional, onde aprendeu a falar português. As duas filhas não têm amigos entre os locais porque não falam a língua e em parte é por «culpa» dela pois «nunca tive muito interesse em me relacionar com os portugueses». Olívia atribui esta falta de interesse ao «jeito português» e ao desinteresse em aprender a língua. «São barreiras que não fiz questão de ultrapassar».

A entrevista com Olívia me despertou para a questão da intensidade com que as famílias procuram se relacionar com as pessoas no país para onde vão. No caso de Olívia, percebi que o relacionamento com os locais sempre foi superficial e ela parece ter passado este tipo de atitude para os filhos quando diz que a culpa pelos filhos não se interessarem em ter amigos portugueses é dela. Como nunca trabalhou em nenhum dos países onde morou, ela não teve a experiência de ter relacionamentos com colegas de trabalho. Seus filhos têm nos colegas da escola seus únicos amigos. O fato de que moraram por muitos anos em uma casa em um local remoto de Cascais (com poucos vizinhos com quem as crianças pudessem se relacionar) também indica a forma como esta família permaneceu em uma espécie de "isolamento familiar". Aparentando algum pesar pela vida que deu aos filhos (mas sem saber se isto se deve à separação recente do marido), Olívia demonstra pouco interesse pela vida do país onde reside e pelos países por onde passou. Em seu ponto de vista, a experiência de morar no estrangeiro foi importante para que ela percebesse o que o país dela tem de bom e é com certa tristeza que ela falou sobre o fato de que seus filhos nunca vão sentir pela Dinamarca o que ela sente e que ela pensa que eles não vão conseguir considerar nenhum país totalmente como seu lar.

3.3. Entrevista com Lara e Elis: Uma Vida Cosmopolita Para Uma Segunda Geração de TCKs

A entrevista com Lara e Elis se deu de uma forma diferente das anteriores. Lara é uma amiga que conheci na Noruega, enquanto fui missionária na Igreja Batista do Mar do Norte. Ela morou em Stavanger na mesma época que meu marido e eu, portanto, convivemos durante quase três anos, nos encontrando semanalmente, pelo menos duas vezes na semana, durante todo este tempo. Como parte da liderança da igreja, nosso trabalho incluía contatos com todos os membros da família. Trabalhamos com os filhos de Lara através dos departamentos de jovens e crianças e com a própria Lara através das várias atividades do departamento de mulheres. Neste caso, o membro da família com quem tive menos contato foi o marido de Lara, mesmo assim encontrávamos semanalmente nas reuniões de Domingo na igreja. Por várias vezes o assunto de criação de filhos dentro de um ambiente internacional surgia em nossas conversas. Lara esteve presente na apresentação de Marion Knell, consultora da *Member Care*, na Igreja Internacional, após a Primeira Consulta Missionária que organizamos.

Quando procurei pessoas para entrevistar para esta tese, Lara me veio à mente, pois nunca perdemos o contato depois que nos mudamos de Stavanger. Tenho acompanhado por *e-mails* e pela rede social *Facebook* os caminhos traçados por esta família e quando a contactei no final do ano de 2011 para entrevistá-la ela demonstrou prontamente disponível. O motivo de incluí-la nestes casos foi pelo fato de que esta família parece ter o perfil de uma família de TCK como é apresentado nos textos sobre o assunto. Entrevistei Lara através do *Skype*, em inglês. Foram duas manhãs de conversas longas, aproveitando o tempo para "colocarmos a conversa em dia". A primeira conversa com Lara foi a partir de um guião elaborado por mim (anexo 3), a segunda conversa foi para confirmar e resolver algumas dúvidas que tive a partir da primeira conversa. A entrevista com Elis foi feita através de *e-mail*, pois ela está a fazer faculdade na Escócia e seus horários não possibilitaram uma conversa pelo *Skype*. As perguntas foram feitas com a intenção de saber como ela percebe seu estilo de vida, seus sentimentos quanto aos lugares em que morou e onde ela considera seu lar. Além disso, procurei saber o que ela pensa sobre as dificuldades e privilégios de se viver em um ambiente assim.

Lara tem cerca de 40 anos, nasceu na Escócia, seu pai era cidadão da Guiana e sua mãe de Trinidad e Tobago. Aos 5 anos foi com os pais para a Guiana onde viveu até os 11 anos quando o pai faleceu e a mãe se mudou para Trinidad com os dois filhos. Aos 16 anos Lara saiu de Trinidad e foi para a Inglaterra para estudar. Após pouco tempo, Lara conheceu um rapaz com quem teve um filho, Liam. O relacionamento não durou muito e quando Liam tinha dois anos e meio ela veio a se casar com Bruce, também de Trinidad. Hoje Liam estuda em Miami, onde faz faculdade. Com o marido, Lara teve mais três filhos: Elis, nascida em Barbados, mora atualmente na Escócia onde frequenta uma Universidade; Diana e John, ambos nascidos na Venezuela e que atualmente moram com os pais em Londres. Todos na casa de Lara falam inglês e espanhol e Lara ainda fala um pouco de norueguês.

Quando conheci Lara, em 2003 ela havia morado com a família na Inglaterra, Barbados e Venezuela. Após a saída da Noruega eles moraram em Houston/EUA, Trinidad e Tobago e agora estão de volta na Inglaterra. Estas constantes mudanças acontecem porque Bruce trabalha para uma empresa que fornece material tecnológico para grandes multinacionais da área de Petróleo e a cada três ou quatro anos Bruce participa das relocações que são comuns dentro da empresa.

No dia em que combinamos fazer a primeira entrevista, Lara estava sozinha em casa, o filho mais velho já não vive com a família, está em Miami a fazer faculdade. A filha Elis estava na Escócia para o primeiro semestre também da faculdade, ela está estudando na mesma Universidade que sua avó frequentava quando conheceu seu avô. Os dois filhos mais novos de Lara estava cada um a viajar para um país diferente. Diana de 16 anos estava em uma viagem missionária para Swazilândia e John de 14 anos estava em uma viagem com a escola em outro país para jogar futebol.

Em nossa primeira entrevista perguntei a Lara quando ela ouviu falar pela primeira vez sobre TCKs. Ela respondeu que foi em Stavanger, na Escola Internacional onde seus filhos estudaram. Lara considera que a primeira vez que ouviu falar sobre TCK foi «libertador», pois ela sentia que «tinha algo faltando» pois não sentia «que se encaixava nos lugares (*we don't feel we "fit in"*). A gente sente que alguma coisa está errada conosco». Este sentimento de que «*something is wrong with us*» foi comentado várias vezes por ela. Lara está se referindo aqui à própria experiência de vida dela com as mudanças frequentes de países que ela experimentou desde muito cedo na vida. Apesar de viver mudando de países por causa de circunstâncias da vida, Lara sempre teve seus contatos entre os locais. Lara estudou em escolas locais e segundo ela coloca, sempre tentando se adaptar às pessoas locais, «mas eu me atraía aos estrangeiros, mesmo na idade de 7 anos procurava amizade entre os estrangeiros». Quando falou de sua experiência na infância e adolescência Lara se referiu diversas vezes à dificuldade de encaixar-se entre suas amizades. «Foi libertador ouvir sobre TCKs e identificar minha história com eles».

Após o casamento com Bruce, Lara passou a mover-se ainda mais entre países. O contato frequente com estrangeiros faz com que Lara se sinta mais à vontade entre pessoas que têm o mesmo estilo de vida. A família de Lara vive em um ambiente internacional tanto na escola dos filhos como na vida social em geral, pois quando mudam para um novo país procuram integrar-se em uma igreja cristã internacional, construindo assim uma rede de relacionamentos fortemente baseada em uma comunidade internacional. Esta prática de socialização em uma rede de relacionamentos é citada por Butcher (2009) como uma marca de identidade cultural que é construída através de relacionamentos ao invés de territórios, onde a pessoa constrói os relacionamentos com outros que possuem uma experiência de vida igual à sua. Deste modo, o ambiente internacional se tornou a zona de conforto de Lara:

> «O lugar que me sinto mais à vontade é na Escola Internacional. As conversas giram em torno do que eu vivo, falamos sobre os aspectos logísticos da vida internacional, sobre as mudanças, sobre as adaptações, as experiências. Com outras pessoas não é assim porque eles vão falar do que viveram, de experiências que eu não vivi».

Quando perguntei se ela pensa que os filhos sentem a mesma coisa, se sentem-se fora de lugar ou se têm dificuldades em se adaptar ou fazer amizades, Lara respondeu que acredita que os filhos não sofrem o que ela sofreu de não se sentir parte do ambiente porque eles sempre cresceram num ambiente internacional, e isso fez com que eles sempre estivessem no meio de pessoas que eram como eles. «Os amigos são todos da escola internacional, ele sempre cresceram neste meio, *their life is all in place*», ela diz.

Como resultado de tantos anos em movimentações constantes, a preocupação com as questões logísticas das mudanças constantes são resolvidas a partir dos aspectos práticos. Segundo Lara, todos têm passaporte britânico por uma questão prática, por causa da facilidade dos vistos. Também por questões de praticidade, a família possui várias casas em Trinidad e agora planejam comprar uma casa na Inglaterra «para o caso dos filhos estarem dispersos na Europa».

Falando sobre todos os lugares em que morou, Lara considera que as mudanças sempre foram tranquilas porque o casal sempre procurou explicar aos filhos para onde iriam e como era o lugar para onde estariam se mudando. «Nossos filhos, quando sabem que vamos mudar, vão à internet pesquisar sobre o lugar para descobrir o que há de bom ali naquele local». Também ajuda o fato de que ela sabe o que eles estão passando: «porque eu sei o que é viver mudando constantemente eu entendo o que eles passam e tento conversar com eles sobre isso». Lara também atribui a facilidade das adaptações ao fato de que os valores da família são sempre constantes: «não importa para onde vamos os valores familiares são sempre os mesmos, isto não muda». Quando chegam a um novo país há rotinas que a família procura cumprir como parte da adaptação:

> «Algumas rotinas nunca mudam, como horário de refeições e regras da casa. O que é tarefa de cada um em casa continua sendo em qualquer país. Os valores da família também não mudam. A primeira coisa que fazemos quando chegamos em um novo país é procurar uma igreja, isto também não muda».

As mudanças nas rotinas são determinadas por questões de segurança, como por exemplo horários de saída e chegada em casa e a permissão ou não de dirigir depende do lugar onde moram. Em todos os países onde moraram os filhos estudaram em escolas internacionais, com exceção de Houston, onde os filhos estudaram em uma escola americana cristã. Segundo a filha Elis, esta foi a única escola onde ela sentiu um pouco mais de dificuldade:

> «Eu tive mais dificuldades em Houston, porque estudei em uma escola americana e não internacional. Todos os amigos eram texanos e cresceram naquele lugar e por isso eu me senti meio 'fora de lugar'(*out of place*), mas não me importei tanto

assim. O ajustamento à escola foi um pouco difícil pois levou algum tempo para acontecer.»

Quando questionadas sobre onde sentem que é a sua casa, mãe e filha são unânimes: Trinidad é sua casa. Lara diz que «Trinidad é definitivamente o meu lar (*home*). Não foi sempre assim, mas depois que morei lá (por 4 anos há pouco mais de um ano atrás) se tornou o meu lar (*home*)». Os filhos, ela diz, também consideram Trinidad como seu «lar» (*home*), e conforme afirma Elis: «Lar (*home*) para mim é Trinidad. Eu me sinto bem em Trinidad com meus amigos e minha família, é um lugar muito familiar para mim. Lá eu conduzo (carros), tenho as chaves de casa, meu próprio dinheiro e trabalho quando preciso, é onde me sinto independente». Como demonstrou Easthope (2009), a prática do quotidiano demonstra ter uma grande importância para as pessoas na formação dos laços de identificação com o lugar e consequentemente com a identidade pessoal.

O fato de morarem em vários países parece ter um efeito mais positivo que negativo para Elis. Falando sobre o assunto ela diz:

> «Eu penso que há muitos aspectos positivos sobre viver em muitos lugares do mundo. O mais importante é que muda nossa perspectiva de vida. Por ter experimentado e testemunhado muitas culturas e conhecido muitas pessoas eu tenho mais apreciação por muitas coisas. Eu posso relacionar-me com pessoas e posso lidar com situações novas que não são familiares. Além disso eu tenho amigos por todo lado e posso encontrar alguém conhecido seja onde estiver».

Os efeitos negativos que Elis aponta são aspectos que ela mesma considera como menores:

«Um ponto negativo para mim é que às vezes me sinto um pouco diferente do grupo de pessoas, como um 'de fora'(*the odd one out*), mas eu não tenho certeza se chamaria isto de ponto negativo. Eu me lembro, porém, de ser pequena e de ter inveja das pessoas que cresceram em um mesmo lugar suas vidas inteiras, de ver um grupo de amigos que sempre estiveram juntos desde crianças, ou ter amigos que iam visitar seus primos ou avós nos fins-de-semana. As oportunidades de ter relacionamentos profundos a longo prazo são menores quando estamos constantemente em movimento».

Em suma Elis parece considerar que sua vida de constante movimento tem sido mais benéfica do que negativa, mas ela considera que algumas pessoas podem gostar mais deste estilo de vida do que outras. Elis considera que o fato de gostar de viver esta vida não está relacionada com as viagens em si, mas com a maneira como seus pais lidaram com as situações de mudança: «o fato de meus pais encararem cada mudança com uma atitude positiva e com uma segurança em Deus faz com que a transição seja mais fácil.» Elis demonstra aqui como a estabilidade familiar tem um papel fundamental na forma como o jovem encara as transições entre os países. Quando fala sobre as perspectivas para seu futuro, Elis demonstra que o estilo de vida formou seu modo de experimentar o mundo.

«Este estilo de vida me deu o 'pé-quente'(*hot foot*), que é como falam de todos que gostam de viver em movimento. A ideia de ficar em um lugar por mais de dois anos me parece um pouco aborrecida. Eu já estou trabalhando nas minhas notas para poder viajar para a Califórnia ou até mesmo a Austrália como uma estudante de intercâmbio no meu terceiro ano! Não tem piada fazer toda a faculdade em um lugar apenas, certo?»

Ao analisar as histórias contadas por estas mães e seus filhos, algumas semelhanças são logo notáveis. A preocupação dos pais com seus filhos e a percepção de que o estilo de vida da família influencia a forma como os filhos irão experimentar o mundo está presente nos discursos das três mães entrevistadas. Enquanto Joana tem seus filhos pequenos, ela já percebe que a constante movimentação tem sido prejudicial na formação de relacionamentos de amizade duradouros que ela tanto preza. Sua tentativa de se mudar permanentemente para a Espanha tem a intenção de fixar a família em um lugar para criar as «raízes» que ela entende serem muito importantes para uma pessoa. Para Joana a constante movimentação e a falta de raízes são prejudiciais à família. Suas afirmações sobre a necessidade que seus filhos têm de encontrar suas «raízes» ecoam nas reflexões de Liisa Malkki que indica que «a naturalização das ligações entre pessoas e lugares leva a uma visão do deslocamento como patológico e isto também é percebido em termos botânicos como o desenraizamento» (Malkki 1992:34). Assim como a identidade é concebida a partir de um discurso de territorialização, a falta de "raízes" ameaça o curso "natural" da vida, causando a destruição da identidade.

No caso de Olívia, ela percebeu que seus filhos estão a se tornar pessoas que sentem-se pertencentes a vários lugares. Ela percebe que o filho mais velho não consegue se adaptar completamente em nenhum lugar, embora ele tenha facilidade em estar tanto em Portugal como nos EUA ou na Dinamarca. Olívia demonstra dúvidas sobre a futura felicidade dos filhos por terem crescido em tantos lugares e por isto não serem capazes de se fixarem em um lugar apenas. A própria mudança nos planos da família quanto à filha mais nova ficar ou não em Portugal, demonstra como este assunto não está completamente fechado para ela. Após a entrevista que tivemos ela conversou comigo algumas vezes demonstrando preocupação se a filha iria se adaptar à vida na Dinamarca. Olívia ainda parece não perceber qual será o resultado desta experiência para sua família e questiona se terá sido válido para os filhos. O fato de nunca ter tido qualquer informação sobre este estilo de vida em que vivem, o próprio isolamento que a família vivia demonstra que nem todos que vivem esta experiência fazem uso das redes de apoio das escolas ou das famílias que têm o mesmo estilo de vida e neste caso em particular, a falta de informação sobre como lidar com as questões familiares deixaram Olívia com muitas dúvidas sobre como tratar destas questões que são importantes para o desenvolvimento de seus filhos como pessoas. Ao mesmo tempo, analisando a entrevista com Nicole, esta não parece ter tido um impacto negativo desta experiência de vida. Ao frequentar uma escola internacional, seu meio de relacionamentos foi sempre constante – a escola – e ainda que as pessoas tenham estado em um movimento constante durante todo o tempo, sua rede de relacionamentos permaneceu dentro de uma «comunidade encapsulada» – um lugar onde há pessoas de origens culturais semelhantes (Butcher 2009) – a escola internacional. O fato de que a família não aprendeu a língua do local onde vive limitou o relacionamento dos filhos, mas ao mesmo tempo evitou o contato com as pessoas locais, fazendo com que as diferenças entre os "nativos" e os estrangeiros não fossem questões com as quais a família lidava frequentemente.

Lara é um exemplo de uma pessoa que experimentou esta constante mobilidade entre países em sua infância e que por este motivo estaria mais consciente dos problemas enfrentados pelos filhos. O fato de ter vivido as constantes mudanças e ter conhecimento sobre o assunto é visto por ela como uma capacitação para lidar com os problemas que podem surgir. Ao manter a sua família dentro de um contexto internacional, Lara parece ter construído ambiente "seguro" para a família. Segundo sua própria análise, os filhos não sofrem com as mudanças aquilo que ela sofreu quando pequena. Eles cresceram em uma rede de relacionamentos onde as pessoas vivem as mesmas experiências que eles e com isso experimentam menos os problemas de uma vida em constante movimentação.

CONCLUSÃO

Minha incursão neste processo de pesquisa teve a sua origem em uma busca para um conhecimento pessoal. Durante todo o tempo que fiz o mestrado, lia esta frase – uma citação atribuída a Sócrates – no corredor do metro de Lisboa, na estação da Cidade Universitária: "Não sou nem ateniense, nem grego, mas sim um cidadão do mundo". Eu achava muita piada que eu estava a fazer um estudo sobre *Third Culture Kids* e lendo esta frase todos os dias. Este foi um processo que sem dúvida acrescentou-me muito e tem despertado em mim um desejo ainda maior de continuar a desenvolver trabalhos nesta mesma linha de trabalho na Antropologia.

A realização desta pesquisa partiu da procura por uma resposta para meus questionamentos sobre como a formação da identidade e do sentimento de pertença é construída em uma pessoa que passa os seus anos de desenvolvimento a movimentar-se em contexto transcultural. Meu interesse foi despertado pelo conhecimento que tive – através do meu trabalho missionário com jovens que viviam esta experiência – dos *Third Culture Kids* – uma categoria de estudo que existe já há algum tempo e que tem despertado interesse principalmente de psicólogos e educadores que lidam regularmente com jovens que vivem esta realidade.

Ao perceber que a literatura existente voltada para as pessoas que estão neste meio é uma literatura mais voltada para o lado prático da questão, mais precisamente para o lado da auto-ajuda e da resolução dos problemas ligados à identidade e pertença, me deparei com a realidade de que um estudo mais aprofundado só me seria satisfatório ao embarcar nesta busca pelo conhecimento científico. Deste modo me deparei com a Antropologia como ponto de partida para esta busca do conhecimento. Nos estudos antropológicos percebi que as teorias sobre os processos de Globalização traziam uma contribuição significativa para o entendimento da formação da pessoa neste processo de grande mobilidade transnacional. Autores como Giddens, Appadurai, Inda e Rosaldo, Featherstone, Hannerz entre muitos outros, relacionaram os aspectos sociais e económicos de forma a mostrar que com a intensificação da conexão global, as movimentações de pessoas e culturas permitiram o surgimento de um mundo «onde fronteiras e limites tornaram-se cada vez mais porosos, permitindo mais e mais pessoas e culturas a serem lançados em um contato intenso e imediato uns com os outros» (Inda e Rosaldo 2002:2).

Além destas questões ao apresentar as formulações teóricas destes autores tentei demonstrar como a globalização foi importante na movimentação das pessoas entre territórios e na forma como estas movimentações através das situações políticas e económicas levou à existência destes estilos de vida transnacionais que deram forma a esta "Cultura Transnacional". Os *Third Culture Kids* são então o resultado desta cultura transnacional e são jovens que, por causa do trabalho de seus pais, estão envolvidos neste processo e durante os anos de seu desenvolvimento vão experimentar estas diversidades culturais enquanto formam a si mesmos como pessoas, enquanto formam suas identidades.

Na formação da pessoa a teoria de Christina Toren trouxe um contributo ao demonstrar como as pessoas constroem a si mesmas num processo que ela denomina de autopoiético e que consiste na auto-criação e auto-formação da pessoa através dos relacionamentos com os outros em um processo intersubjetivo. Quando olhamos os jovens TCKs e como suas vidas são formadas em um contexto de alta mobilidade, percebemos que estes têm questões que se levantam ao construírem suas identidades com o outro que estão relacionadas com as ideias hegemônicas da "naturalidade" e do "enraizamento" das identidades em culturas territorializadas que foram discutidas por Liisa Malkki e outros autores, que levam o jovem TCK a este constante questionamento sobre sua identidade e sentimentos de pertença.

É possível perceber com os exemplos apresentados neste trabalho que a forma como as pessoas se relacionam nesta rede cultural de relacionamentos vai ser importante para um maior ou menor grau de identificação com a cultura transnacional e consequentemente para uma maior problematização do problema da identidade e pertença. Para aqueles que procuram adequar-se ao modelo hegemônico de "naturalização" e "enraizamento" – como é o caso da família de Joana e Lúcio – a experiência da vida transnacional é visto como algo negativo e a percepção que o jovem Lúcio tem da sua identidade ainda está indeterminada, pois sua intenção é continuar a afirmar o processo hegemónico da identificação nacional com a identificação pessoal. Lúcio neste caso parece reproduzir o mesmo sentimento de sua mãe, Joana, que entende que a melhor solução para a família é deixar este estilo de vida e voltar às raízes, mesmo tendo consciência de que este processo pode vir a ser difícil pela maneira como ela mesma se vê diferente das pessoas da sua rede de relacionamentos na Espanha.

Algumas pessoas podem passar por esta experiência de vida no meio transnacional e não se aperceberem disso. Como no caso da família de Olívia e Nicole, a vida transnacional se fez em vários territórios, mas esta realidade não parece ter sido vista como um problema em si. A família manteve os laços com as famílias em dois países e Olívia percebe que seus filhos são diferentes por causa desta experiência. Nicole, a filha, não parece ter problemas relacionadas com sua identidade pois em nenhum momento seu questionamento de suas raízes colocou em causa sua identidade, ela se vê tanto como americana ou como dinamarquesa, mas relata que *se sente* mais americana, relacionando sua identidade com questões do sentimento mais do que territoriais. Outro ponto que me chama a atenção neste caso é que esta família parece ser um exemplo de pessoas que Hannerz (1992) refere-se e que não aproveitam-se do fato de estar em uma cultura transnacional para conhecer e interagir com o outro em um processo de relacionamento, pelo contrário, eles escolhem não relacionar-se com as pessoas locais e é possível perceber isso no fato de não aprenderem a língua dos lugares onde moraram e até mesmo na própria escolha das habitações – a casa da família que não tem vizinhos ao redor e recentemente a casa que Olívia morou com as filhas em um condomínio-hotel – que preferem isolar-se, tornando mais difícil o contato entre eles e as pessoas locais.

Entretanto, há aquelas pessoas que constroem suas vidas dentro da cultura transnacional a ponto de poder ser considerados como cosmopolitas, conforme Hannerz indica. Suas vidas são completamente construídas em um contexto cultural transnacional, como é o caso da família de Lara e Elis. Neste caso o fato de que Lara teve uma experiência de vida entre culturas a capacitou para compreender uma maneira de vida que agora é experimentada pelos seus filhos. O aspecto interessante no caso de Lara é seu sentimento de que o conhecimento de que seu estilo de vida é compartilhado por muitas outras pessoas que vivem como ela deu-lhe ao mesmo tempo um aspecto «libertador» como a fez perceber que sua «zona de conforto» estava entre aqueles que vivem um estilo de vida como o seu. Ao providenciar que seus filhos vivam dentro desta «zona de conforto», e ao mesmo tempo experimentarem a cultura onde estão inseridos, em um contexto de rede de relacionamentos dentro desta cultura transnacional, ela permitiu que seus filhos construíssem suas identidades a partir destas redes e no contexto cultural variado que experimentaram. Suas ações neste caso, foram opostas às de Joana, pois ao "abraçar" este estilo de vida cosmopolita e de certo modo, contra-hegemónica, Lara permitiu a si mesma e à sua família a construção de uma rede de relacionamentos que é a base para a identificação de seus filhos não com o território em si, mas com esta rede de pessoas que são como eles: identidades que são construídas em alta mobilidade transnacional e assim, «they're all in place».

Com esta pesquisa procurei debater algumas questões sobre a mobilidade e o transnacionalismo em relação com a formação da pessoa e do sentimento de pertença. Não é possível abarcar todas as especificidades que podem ser tratadas a partir destas reflexões teóricas no campo da Antropologia. Tentei apresentar uma reflexão dos pontos que me pareceram mais importantes para a discussão do assunto da formação da pessoa neste contexto de alta mobilidade transnacional. Espero que esta dissertação venha a estimular futuras pesquisas neste campo tão vasto e pouco explorado na Antropologia.

www.ingramcontent.com/pod-product-compliance
Lightning Source LLC
Chambersburg PA
CBHW030801180526
45163CB00003B/1123